有錢人都在做的時間管理術

有錢人都在做的時間管理術

真正的時間管理大師——馬斯克與比爾蓋茲的時間致富法

442 Time Management Principles

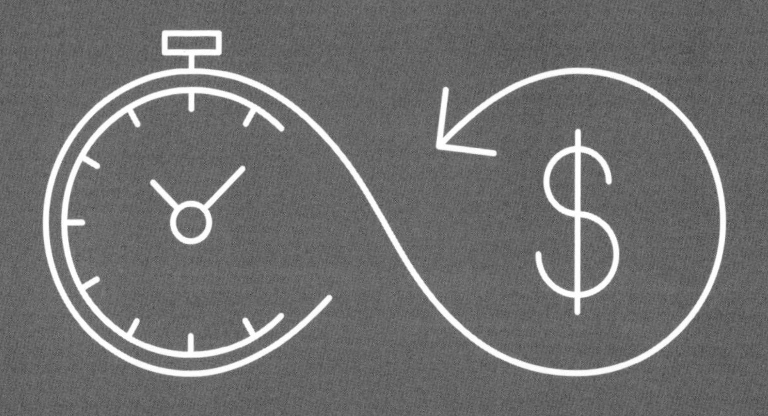

作者—河泰鎬　　翻譯—譚妮如

請正視瞬息萬變的時代

過去的社會是依據年資決定地位，以這種論資排輩體系思惟為主導。在那個時代只要新產品一製造出來，就能創造銷售佳績，企業也會隨著時間和經驗而逐漸擴大。在那樣的潮流下，員工的雇用能獲得保障。踏進公司後，只要依據公司的升遷制度即可升遷到某個職位。然而，隨著販售各式各樣產品以及價格紅海策略下，許多企業如雨後春筍般湧現，促使市場競爭模式起了急遽的變化。

當新創公司如雨後春筍般出現的同時，大型企業卻接二連三地倒閉。這猶如以小擊大的大衛打敗歌利亞[1]故事一

---

1 歌利亞是一位非利士人勇士，與年輕的大衛（未來的以色列國王）的戰鬥而著稱，記載於希伯來聖經、基督教舊約聖經（古蘭經中也簡略記載此事）。資料來源 / 維基百科

般，功能單一的小型企業正以破壞式革新模式，促使舊時代市場崩解。例如，Airbnb民宿網站旗下連一家飯店也沒有，卻打敗了眾多連鎖飯店；Uber公司並沒有任何一輛車，卻也威脅著計程車公司的存續問題。

現在的市場經濟正處於新創事業擊倒傳統企業的不穩定時代，任何一間企業都很難保證自己是否能永續經營。這和5億4千萬年前，因各類生物體急遽增加，所引發的寒武紀動物大爆炸情形一樣，新創企業的數字也報復性地增長，促使市場競爭更為劇烈。

美國是這種貿易潮流的中心。Google、Facebook、Amazon等，這些在矽谷成長的大企業成為美國股票市場中的市價總額龍頭。若您向美國人詢問關於終身待在某間企業裡服務的想法時，其中有幾位會回答「那是夢幻職業」、「那是傳統的職業觀」，這樣答案意味著企業再也無法為員工生存負責的時代已悄悄來臨。

這種現實狀況與兩位嫌疑犯接受審判的情形一樣。例如：智俊、正均在韓國大田廣域市某家銀行搶走了20億韓元。他們的計劃很縝密，沒留下任何證據，警察分析了各種情況後，將這兩位列入嫌疑犯名單中，並開始進行了審問。警察想以嫌疑犯的認罪口供來證明其犯罪事實，於是將這兩位分別帶入不同的房間裡，進行審問。

警察開出一個條件，只要其中一位先自首的話，就立即釋放該位，而另外一位，則讓他服十年刑期。若兩位都一起自首，就各服五年刑期；若兩位都不認罪，就各服六個月的刑期。那麼智俊和正均會做出怎麼樣的抉擇呢？

結果，兩人皆俯首認罪，各服五年刑期。即使開出了兩人皆不認罪時，就只要各服六個月刑期的條件，然而，這兩個人因為不知道對方會做出什麼樣的抉擇，各自顧及自己的利益而俯首認罪。這種現象在經濟學上稱為囚徒困境（Prisoner's Dilemma）[2]，亦即博弈論（Game Theory）[3]。

員工和企業兩者的關係與前文所述的囚徒困境很像，企業與員工都只顧及自己的利益。為公司奉獻一生的員工若業績下滑，公司會勸他們及早離職，員工會覺得公司不近人情，有被背叛的感覺。就公司的立場而言，也很討厭能力優秀的員工跳槽到條件更佳的公司。

---

2 囚徒困境（ Prisoner's Dilemma）是賽局理論的非零和賽局中具代表性的例子，反映個人最佳選擇並非團體最佳選擇。或說在一個群體中，個人做出理性選擇卻往往導致集體的非理性。

3 博弈論(Game Theory)是指研究多個個體或團隊之間，在特定條件制約下的對局中利用相關的策略，而實施對應策略的學科。有時也稱為對策論，或賽局理論。

總歸一句話，不論是企業先背叛，還是員工先背叛，這成了十分現實問題。只要雙方都不背叛，就能維持良好的關係，然而在這個時代，背叛卻是稀鬆平常的事。

讓我們針對幾種狀況，稍微思考一下。難道沒有不互相背叛的共生方法嗎？不論是員工或公司，只要讓對方不背叛自己，就可以了吧！

就員工而言，提升自己的能力就變得十分重要。能力的提升不僅會對公司造成貢獻，也能讓公司不背叛自己。

在過去員工為了不讓公司背叛自己，都會待在公司工作到很晚，犧牲自己的休息時間。然而，現在這樣的模式已有新的轉變，在有限時間內創造出最佳成果的人，才會更受到肯定。這種變化影響最大的就是每週工作52個小時的制度，改變了這個當初影響社會甚大的制度。

根據2017年OECD[4]國家年平均工作時數的調查結果顯示，韓國上班族每年平均工作時數為2,024小時，僅低於墨西哥的2,258小時，卻比OECD國家的平均1,748小時多出

4　經濟合作暨發展組織（Organization for Economic Cooperation and Development，簡稱 OECD）是由全球 36 個市場經濟國家組成的政府間國際組織，共同應對全球化帶來的經濟、社會和政府等所面臨的挑戰和機遇。
資料來源 / 維基百科、MBA 智庫百科

278小時，若以天數來計算，約多工作了35天。反之，韓國勞動者的每小時生產力為34.3，僅名列OECD第29位，排名後段班。換句話說，到目前為止韓國是以增加工作時數來克服遲緩的生產力問題。

企業因工作時數的縮短而煩惱著「如何在有限時間內提高員工們的工作效率」，員工們則煩惱著「工作時數不夠怎麼辦？」最後，在雙方都能接受的時間，思索如何在有限時間內有效處理業務的方法。就企業的立場，若沒有提高工作效率，就須增聘員工；就職員的立場，工作效率降低時，就會被貼上低業績者及能力不足的標籤。

現在是須正視時間價值的時代，關鍵在於要如何提高每小時的生產力，而不是投入更多的時間。提高每小時工作效率及效果的方法，就是提高自己身價的武器。時間人人皆有。然而，並非每個人都知道如何將時間變成自己的。要成為被時間牽著鼻子走的奴隸，或成為控制時間的主人，而躍升為成功人士，其抉擇權取決於各位。

成功人士並非從一出生，就帶著成功而出生的。人只會在想成功的領域裡投入比他人更多的時間，歷經不斷地苦惱與努力，最終才嘗到成功的碩果。同樣的，失敗的人也並非從一出生，就帶著失敗出生，只是沒有投入足夠的時間在自我開發。

21世紀資本主義時代首屈一指的成功人士，非比爾蓋茲莫屬。1955年誕生於美國西雅圖律師之家的比爾蓋茲，從少年時期就為電腦瘋狂，幾乎將所有時間都投入在開發程式方面。於是創設了操作系統軟件的微軟公司，並得到成功的碩果。於1995年他已躍升為世界首富，2000年設立了比爾及梅琳達‧蓋茲基金會（Bill & Melinda Gates Foundation）。

2008年卸下了微軟董事長一職，以慈善企業家之姿從事慈善活動至今。當我們針對世界最成功人士之一比爾蓋茲的時間管理方法進行分析時，給了我們不少的啟示。

另外一方面，21世紀最創新的人物就屬伊隆‧馬斯克了。伊隆‧馬斯克出生於1971年，為南非共和國的電子工程師之子。從小就在軟件開發領域上展露頭角，12歲研發出錄影帶遊戲，以500美元售價售出。17歲到加拿大留學，之後於安大略省女王大學（Queen's University，又譯皇后大學）就學，之後又轉入賓夕法尼亞大學（University of Pennsylvania）就讀。

1995年他創辦了ZIP新創公司，之後又創辦了X.com網路付費機制，再以15億美元轉賣給ebay。之後創辦了製造征服火星的運載火箭公司SpaceX、製造電動車的特斯拉汽車公司、太陽能的SolarCity。他是世界公認的將幻想成真的人物，每週花80~100小時在工作，可見其擁有與眾不同的熱情。

本書的焦點著重在藉由分析成功人士比爾蓋茲與伊隆·馬斯克的時間管理方法，讓時間管理成為能幫助每個人成功的方法。藉由這兩位成功人士的時間管理祕訣，促使各位讀者領悟出屬於自己的祕訣。

本書是筆者在KAIST大學技術管理研究所尹太成教授的指導下完成的，從書籍出版方法到內容、架構等都給予深入的指導，內容還增添了在魯秀紅教授的課程中所習得並領悟到的知識。而且還獲得KAIST大學ITM15期同學的支持與建議，並獲得公司同仁、家人的鼓勵，並從中獲得力量。在此表達對這些人的誠摯感謝之意。

自序　請正視瞬息萬變的時代！ • 4

第一章
時間為什麼要管理？

以時間管理為最佳武器的時代 • 17

何謂時間管理？ • 25

時間管理＝生涯規劃 • 30

淬煉我人生最佳武器的方法 • 36

第二章
第一階段：設定目標

時間管理的起點：你喜歡做什麼？ • 43

比爾蓋茲的時間管理起點 • 45

伊隆・馬斯克，一週工作100個小時的怪咖 • 53

設定正確目標的方法：OKR（Objective and Key Results） • 58

第三章
第二階段：訂定優先順序

訂定優先順序的人生管理：試著橫渡漢江 • 67

比爾蓋茲的人生十字路口：哈佛抑或創業 • 70

人生曲線與人生窗口 • 74

伊隆．馬斯克的人生十字路口：史丹佛抑或創業 • 81

第四章
第三階段：時間記錄

填滿時間表空格 • 93

比爾蓋茲：高手的 5 分鐘日程表 • 100

時間管理的三階段程序 • 104

將時間區分成四類的「442法則」• 111

伊隆．馬斯克：活用時間箱子的防禦型時間管理 • 127

第五章
第四階段：瑣碎時間活用方法

一天30分鐘，製造出空檔時間 • 145

比爾蓋茲的瑣碎時間活用方法 • 149

瑣碎時間之活用策略 • 155

伊隆．馬斯克的瑣碎時間活用方法 • 162

一天30分鐘的閱讀策略 • 167

第六章
第五階段：邁向成功的時間管理法

多工作業，能大幅提升工作效率嗎？ • 179

- 您是否為多工作業類型？ • 179
- 單工作業（Single－tasking）專家 — 比爾蓋茲 • 181
- 多工作業專家（Multi－tasking）專家 — 伊隆．馬斯克 • 191

比完美更重要的掌握時機祕訣 • 199
完美主義者的做事原則 • 199
從Windows 95與精益創業中看出比爾蓋茲的時間管理方法 • 201
從特斯拉model 3中看出伊隆・馬斯克的時機重要性 • 207
高效率開會的五大方法 • 221
透過反覆思考邁向成功 • 224
比爾蓋茲的思考週期 • 224
主導伊隆・馬斯克思惟的第一原理 • 231

結語 • 238

第一章

時間為什麼要管理？

以時間管理為最佳武器的時代

時間平等地對待每個人。與我們怎麼使用一天的時間無關，不論是睡懶覺、早起，還是在家閒晃，或其他任何動作，通通與這些無關。每個人都擁有一本時間存摺，每天自動入帳24個小時。時間無需任何代價，給每個人的量都是一樣的。然而，我們卻無法意識到時間的重要性。

任何一個人都擁有時間，每個人也都認識時間。然而，若有個人要求您對時間下定義時，您會怎麼回答呢？應該無法輕易回答吧！

時間管理，是陳腔濫調的用語。然而，真正做好時間管理的人並不多。因為我們從未接受過正式的時間管理教育。

最多只是在小學暑假作業圖畫紙上畫上圈圈，製作出一天的日程表。

學生時代我們按照學校擬定好的時間表作息，與個人的想法無關，只要按照時間坐在書桌前聽課即可。最近孩子們在下課後，媽媽也會安排他們到補習班上課。學校也沒教他們如何管理時間，從未正式學過，也無實踐的機會，之後就上大學了。

踏進大學校門時，所面臨的第一個難題就是要規劃自己的時間表。過去一直按照他人規劃好的時間表生活，現在卻須自己動手擬定時間表。到目前為止，從未擬定過時間表，反而變得不安。「這樣擬定計劃對嗎？」「第一學期選修這些課對嗎？」「教授會給高分嗎？」「考試容易過關嗎？」等等，想知道的事項不只一、兩項。

周邊也沒有很熟悉的人，對於要自己動手擬定時間表這件事，感到很生疏。經常有正確答案的考試，卻在解題的過程中，面對到無正確答案的狀況，內心的不安感與日俱增。隨著我們如何擬訂時間表，我們的學期成績會出現不同的成果，也決定了我們是否可以獲得獎學金。然而，我們卻必須在一無所知的情況下，擬定時間表。

即使是就業，也會遇到相同的狀況。幾點要完成什麼事，須自己決定。每天在自己所屬的部門裡與直屬上司、同事開會，從其他部門那裡收到各種請求事項。若是接獲上級主管指示時，須推掉所有的事情，只能集中火力在該指示上，迅速處理完。

工作就好像是在菜市場做生意一般。有賣東西的人，也有買東西的人。同樣地，在公司裡有吩咐任務的人，也有接受任務的人，這樣業務才能順利進行。吩咐任務的人大致上只要以口頭或文書下達指示，接受指示的人只須依照指示處理事情，並回報工作狀況。

只要是以美味又平價聞名的餐廳，生意一定好；職場中只要工作做得好的人，就立即出名，獲得更多工作任務。然而，工作任務就會如雨後春筍般從各處蜂擁而至，彼此爭先恐後地拜託這個人趕快處理事情。雖然事情也可以像餐廳的點菜單般依照順序處理，然而須考量事情的輕重緩急及下達命令的人的職級來訂定優先順序。因此，不得不先將職位高的人所下達的指示先做完。只是在進行過程中，電話鈴聲總是不斷響起，電子郵件也常常塞爆。

這樣毫無頭緒地過完一天後，完成的工作卻沒幾件，未完成的工作卻堆積如山。接著，就會聽到上司斥責自己處理事情的速度太慢。雖然連午餐時間都犧牲掉，已經很努力工作了，卻因為未完成的事情太多，而不敢下班休息。

每天須處理的事情與日俱增，反之，工作時數逐漸縮短。自2004年7月1日起韓國公家機關開始實行一週工作五日制。法定的一週工作時數由44小時變更為40小時，每週六上午加班的情況消失了。

實行了14年後，韓國政府於2018年又引進了一週工作52小時制。每週工作40小時，只能加班12個小時的制度，這使得上班族想加班把工作做完，也變得不可能了。然而，工作量卻沒有因此減少，只有工作時數減少了。在這樣的狀況下，對於上班族最重要、最緊急的事，就是在有限時間內有效處理工作的「時間管理」。

閱讀許多的自我開發書籍之後，獲得了無數的名言佳句。覺得似乎只要照著書本上寫的，就可以邁向成功。雖然下定決心馬上要實踐，然而要實踐時，卻無法持之以恆。過沒多久後，就會感覺到「書中的內容都很正確，卻不適合我。」因為書中的他們與我的生活環境截然不同。

時間管理並非是依照潛能開發書籍的內容，照著去實踐他人所說的好方法，而是要靠自己找出一套屬於自己適用的方法。

自己須正確掌握花了多少時間在哪些地方，和誰在一起做了什麼，並思考著希望之後在哪些地方花更多的時間。換句話說，時間管理的核心在於「正確知道自己所使用的時間，並訂出個人規則」。

時間管理並非一、兩天即可完成的解決策略，須鍥而不捨地直接去體驗的過程。因此，若能養成時間管理的好習慣，就可以成為個人獨門的銳利武器。

大家都聽過有人因中樂透而一夕間成為億萬富翁，這些獲獎者雖非同一人，卻大多都擁有相同的悲劇結局。他們因運氣亨通，為自己的人生帶來了意外之財，卻因控管能力不佳，最後淪落到借錢度日的落魄局面。不是自己能力所及的事情，絕對不會成為自己的。想要將好處成為自己的，須以能力為基礎。

2005年居住在美國的布拉德因中樂透而獲得8500萬美金，約24億台幣。他隔天如平日一般到健身中心上班。隔天的隔天，每個隔天都一如往常準時上班。住在同一間房子裡，和往常一樣做相同的消費，就這樣度過了中獎後的生活。

自我管控能力佳的人即使中獎了，人生的結局也不會變得不幸，因為透過自我訓練學會了如何管理金錢。時間管理也一樣，是一種自我訓練，也是一種習慣。

時間管理並非因一次的自我實踐，就能讓身體及大腦記住。須透過平時的訓練，讓身體有所感覺。時間管理是自我管理，也是人生管理，是人生中的最佳武器。

正在閱讀本書的讀者應該都想擁有成功的人生吧！可能有人夢想成為執行長、知名學者、某個領域的專家。通往成功之路最踏實、最簡單的方法，就是跟隨在成功人士的身邊，學習他們的成功方程式。

孟母為了營造出對孟子有利的教育環境，而搬了三次家（這是歷史上著名的孟母三遷）。住在墓園附近時，孟子模仿他人辦理喪事，後來搬到市場附近時，也模仿商人的行為舉止。最後搬到私塾附近，才成長成懂得禮儀規範的孩子。光這點而言，就可以知道環境對人有多麼重要。

那我現在的環境如何呢？試著環顧自己周圍最常相處的10個人，並觀察這當中有做好時間管理的有幾位。

身體做好時間管理的人（10位）	團體
7~10位	已成功人士
3~6位	未來極有可能成功的人
0~2位	夢想成功的人

這10位中若有7位能有條不紊地做好時間管理，您有很高的機率是已成功人士了，或隸屬於人人稱羨慕的階層吧！10位中若有3~6位做好時間管理，那麼你有很高的機率隸屬於未來極有可能成功的族群。若不到3個人，那麼你有很高的機率隸屬於夢想成功的人。

試著想想看！這些做好時間管理的人，都是分秒必爭的忙碌社會精英。若將大公司執行長、知名藝人等的時間價值換算成金錢，就會有很多想像空間。世界首富比爾蓋茲每小時就能賺進約5億韓元(約1200萬台幣)。

年薪數十億的大企業執行長，光是要參加活動與會議行程，時間很明顯不足。為了預防時間浪費，都會僱用祕書來管理執行長的時間表。若是知名藝人，就會聘請經紀人來管理行程，因為他們的生活每分每秒就是金錢。

若想擁有成功的人生，就須洞悉時間的價值，須將時間管理方法打造成生活中的首件武器。因為成功人士的共同點，就是重視時間價值並加以管理。邁向成功之路的最佳途徑就是時間管理，成功後，保持成功的武器也是時間管理。

何謂時間管理？

每次聽到時間管理時，都會懷疑「時間真的可以管理嗎？」管理這個詞語，包含了管控的意義，然而事實上我們卻無法管控時間，因為時間有下列三項事實。

第一、時間是流逝的。

第二、時間是借來的，無法用金錢買到的。

第三、時間公平對待每個人，都給予24個小時。

有趣的是，我們所說的時間管理及管控時間，事實上是管控自己生活中的每個連續行為。為了管控自己的生活，須訂定執行計劃。隱藏在時間管理裡的核心即是「我的生活計劃」。

為了把我的生活帶往我想要的方向，首先要依照我設定的目標擬定計劃，為了讓我的行動能與計劃一致，須賦予動機。為了達成這個目的，核心在於不隨便浪費時間。若不想虛度生活，請認識自己的時間。實際上我要知道自己在什麼事情上花了幾個小時。以時間記錄為基礎，進行分析及評價，再加以修正。

何謂時間（Time）？

「時間不饒人（Time and tide wait for no man）」這句話出自1935年傑弗里・喬叟（Geoffrey Chaucer）撰寫的《坎特伯里故事集》（The Canterbury Tales）一書中。這句英文句子的主詞是時間（time）與潮汐（tide），卻翻譯成歲月不饒人。當時的tide並非漲潮和退潮的意思，而是時間或季節的意思。就牛津辭典中的字義解釋，在使用日晷的時代裡，tide是3個小時的意思。

Time（時間）的語源來自於tide，Tide被德語帶有時間意思的tima所取代。像Tide的意思從時間流逝，轉變成呈現漲潮與退潮的潮汐一般，time從古代就被認為具有「流動的」意思。

依據韓國標準國語大辭典中的解釋，時間最早的定義是「從某個時刻到某個時刻之間」的概念。牛津詞典中

「time」的定義為「測量分、時、日子等的東西（what is measured in minutes,hours,days,etc.）」。換句話說，時間是測定事物變化的概念。

談到時間，就少不了光陰（Chronos）與關鍵時刻（Kairos）這兩個概念。在古希臘Chronos和Kairos這兩個單字都具有時間的意思。

Chronos是指以秒、分、時等物理單位，來測量地球透過自轉與公轉所發生的時間流逝。之後衍生出chronological（依時間前後排列而記載的）這個單字，用在表現時間的流逝。反之，Kairos不是指像秒、分、時等一樣的單位，而是指適當的瞬間時機點。Chronos若是指量的時間，Kairos指的就是質的時間。過去希臘人喜歡將事物擬人化，Chronos是指形象化成恐怖的時間老人（Father time），灰色長鬍鬚的駝背老人手握著大鐮刀和沙漏。這位老人藉由啃食各位所擁有的時間，將人帶往死亡之路。

反之，Kairos被擬人化為英俊青年。手握著秤子和銳利的刀，腳底有翅膀，頭部只有正面，沒有後腦杓。頭部只有前半部，所以當機會從正面迎來時，可以即時抓住，反之，從身旁經過的就無法抓住。這就是在告訴我們，為了抓住擁有翅膀的機會，須做正確的判斷（秤子），而且動作要迅速

（銳利的刀子）。

時間以恐怖老人和英俊青年的面貌待在我們身邊。儘管如此，我們並未真正認識到時間的雙面性，就這樣日復一日地活下去。因為我們對於無需付出代價就擁有的資源（空氣、水、時間），不會花任何心思去關心。

當我們意識到時間重要性的那瞬間，就會知道我身邊坐著手握大鐮刀和沙漏的恐怖老人，那時候說不定就連已遠走高飛的英俊青年後腦杓也看不見。

什麼叫管理？

管理是由主管的管與整理的理組合成的，「負責某件事情，並進行處理」。這個詞彙帶有動手做的意思，然而在管理所給予的某事物時，一般使用「掌控（Control）」這個詞彙。例如：請回想一下若工作不太順利時，大家會常說「無法掌控」來形容，這樣就能比較容易理解它的意思。

時間管理的英文，不是寫成「Time Control」，而是「Time Management」。Management是比起經營的意思更常用在管理的意思上。與其說經營是「純粹管理交代的工作」的達成妥協的意義，不如說是更貼近「奠定基礎，擬定計劃，主動往前邁進」的意義。就這一層面而言，時間管理更接近經營時間的概念。換句話說，設定「管理（Management）」目標，為了有效達成該目標所做的活動，即是時間管理。

結果，時間管理是「為了達成目標，將所提供的時間做有效率地計劃的活動。」核心關鍵詞是「計劃」。自己設定目標，再依照目標，規劃自己的時間。

時間管理的範圍會隨著自己所設定的目標而有所不同。例如：有可能是目標單純的任務，也有可能是每天的例行公事，如：「寄電子郵件給上司」、「用電話聯絡合作廠商」等短時間內可以完成的事項，也有可能是「退休後的二度就業」、「提升英文實力」等須經長時間的計劃。

因此，時間管理並非指單純地把日程規劃得很緊湊的行為，而是以長遠的觀點來看，在自己人生中找出自己想做的事情，並設定目標、擬定計劃、依照計劃行動、達成目標等一連串的舉動。

時間管理＝生涯規劃

列夫．托爾斯泰（Leo Tolstoy）的《人為什麼而活》一書中，提到天使長米迦勒（Michael）因犯下嚴重錯誤，而墮落至凡間。給予米迦勒的懲罰就是找出下列三個問題的解答。

第一、人類內心裡想什麼？

第二、不能給人類的是什麼？

第三、人類為什麼而活？

米迦勒在製鞋工坊工作時，找到了這三個問題的解答。身材健碩的貴族紳士要求他用堅固的皮製作皮鞋，在紳士轉身離開後，米迦勒卻隨意製作了一雙拖鞋，老闆看到他製作的拖鞋時，感到驚慌失措並責罵他。沒多久貴族紳士的僕人來向他們傳達，「主人在回程途中的馬車上過世」的噩耗。

米迦勒將用心製作好的拖鞋拿給僕人，這位身材健壯的貴族雖然很富有，很可惜當時卻不知道自己即將離開人世的事實。沒錯！我們並無法預知自己何時離開人世。

織田信長、豐臣秀吉、德川家康，是日本戰國時代統一天下的三位英雄豪傑。織田信長就在只差臨門一腳就統一天下的時候過世，豐臣秀吉迅速取代他的位置，完成了天下統一的壯舉，最後豐臣秀吉的榮耀地位也被德川家康給篡奪了。人們為這個故事做了比喻說：「豐臣秀吉用織田信長給的米製作年糕，最後被德川家康給吃了」。

織田信長是日本戰國時代十分有意義的領袖人物，豐臣秀吉和德川家康原本都是他的家臣。在一統天下之前，卻因忠臣明智光秀的叛變，死於本能寺。他雖然擁有榮華富貴，卻因為過於輕忽管理部屬，而為人生畫下句點。織田信長能預知自己的死亡日期嗎？當然，無人能預知。當一個人處於最高位的時候，不曾想過自己會死亡。

李小龍是影響電影動作片的重要人物，他用武術鍛鍊出肌肉身材，卻在33歲時過世了，當時的人對於他的死難以置信。那要怪他在電影中武術形象過於鮮明嗎？這是因大部分的人以為肌肉發達是健康的象徵，認為運動選手較為長壽。

韓國圓光大學以自1963年起之後48年間的3,215張訃文與統計資料為基礎，研究了長壽的職業群。依據研究結果顯示，運動選手的平均年齡為67歲，只名列第9名。

另一方面，長壽職業群排名第1名為宗教人士，平均活到82歲，由此可推論出精神健康也與肉體健康同等重要。不過宗教人士再怎麼祈禱，終歸走向死亡之路。

人類活著的時候必須面對「我們不知道何時會離開人世？」的課題。若我們知道明天馬上就會死亡，那該做些什麼事呢？會像現在一樣生活嗎？若死亡前有想完成的願望，會不會賣掉所有的資產去實現呢？

電影〈終極假期〉（Last Holiday）中擔任銷售員職務的佐治亞被告知餘生有限，於是她就提領存款，逐一完成遺願清單上的項目，如：搭乘飛機頭等艙、直升機、住飯店高級套房、享用最高等級的美食等。她還與一位男性陷入熱戀，卻因為人生進入倒數計時，最後還是拒絕對方。沒多久之後，她從醫院那接獲誤診的消息，喜極而泣，之後與心愛的男友一起開了間小餐館，以圓滿結局畫下句點。

任何一個人若知道他即將死亡的事實時，就會領悟到時間的重要性。即使餘生有限，仍想努力過自己想要的人生。

到了40歲時請試著寫寫看自己的遺囑，也正視死亡問題，想想餘生該怎麼過。

撰寫《必然：掌握形塑未來30年的12科技大趨力》（The Inevitable — Understanding the 12 technological forces that will shape our future）一書的作者兼雜誌《連線》創辦人凱文·凱利（Kevin Kelly），擁有一個個人用的倒數計時時鐘，時時提醒自己未來所剩下的時間。

他預計自己可以活到78歲，到了55歲時認為自己只剩下8,500天，就開始讓自己的倒數計時時鐘跳動。他只集中精神在自己認為最重要的幾個計劃與課題，他知道若將所剩的時間花費在過多的事情上是不夠用的。

「我們終將死亡」這是事實。然而，我們並不知道那是哪一天，也許是明天，也許是一年後，也許是十年後，但某個瞬間點將帶領我們到達人生的終點站。在到達那個終點的過程中，我們仍須用無數個抉擇來填滿。任何一個人都想朝著自己想要的方向來計劃自己的人生，那你更應該從現在開始管理時間。

接著，分析下列幾個實例：

我的朋友金賢柱本來是個很懶散、對諸事感到厭煩的人。下班回到家後，每天玩遊戲都玩到很晚。一到周末，什麼都不想做，整天躺在沙發上，看電視或玩手遊。每週六約他外出吃晚餐時，他也覺得很懶，至少要打三次以上電話邀請他，他才會勉為其難地出門，出現時經常是以蓬亂的頭髮、運動服、拖鞋等打扮赴約。這樣的賢柱在有了喜歡的女生之後，開始轉變了。

宅男的他現在只要一到週末，會為了和女友約會而外出。而且只要一想到要和她見面，早上六點就會自動睜開眼睛。陪她看她喜歡的早場電影，一起共進午餐，他說每個星期六只要跟她在一起，就會覺得很幸福。

對賢柱而言，平日睡到很晚、上班遲到是件稀鬆平常的事，現在卻會提早到公司，這是因為他必須先送比自己早上班的女友去公司的關係。以前會玩遊戲玩到很晚的賢柱，現在也不這麼做了，早點起來就能見到女友，是件更幸福的事。為了她，做這些改變都心甘情願。最後他們結婚了，現在正為著小孩的將來而打拼。

時間管理就像這個「深陷愛情」的故事一樣。若想陷入愛情，就須找到令自己怦然心動的對象；為了時間管理，首先須找到令自己怦然心動的目標。接著，為了達成這個目標，要做的事情就會一一浮現。領悟到為了讓自己能有效率的達到目標，就要仰賴時間管理的幫助。原本生活周遭很多事情都像毛線團般糾結在一起，生活中承受著莫大的壓力與壓迫感。

透過時間管理逐一處理每件事情後，漸漸就會產生成就感與自信心。就像與相愛的人交往後，擬定「家庭計畫」，設定「購屋」目標。時間管理可以說是一種為了達成各種目標的努力過程，達成一個目標後，再設定另外一個，不是一次就結束，而是連續性的。所以時間管理即是生涯規劃，也成為我們必須時間管理的理由。

淬煉我人生最佳武器的方法

世界上長得最快的樹就是竹子，隨著品種不同，成長速度略有不同。若要專家從5,000種竹子品種中挑出成長速度第一名，那就是孟宗竹（學名：Phyllostachys edulis），一天可以長60公分。

將孟宗竹種植在土地上後，它會有五年的期間長不出竹筍苗。五年一過後，就會開始冒出竹筍苗，並且一天可長60公分。這五年當中孟宗竹為了幾年後的成長而在土裡深根、做準備，根植越深就可以長得越高。

時間管理就像孟宗竹長出竹筍一般，若只對於看得見的活動做記錄，並進行管理，是無法獲得成功的。就像孟宗竹在土裡深根受苦時一樣，時間管理也須要有窺視自己內心深處的時間。

自己想要的是什麼？首先必須在人生中設定某個一定要完成的目標。沒有目標就只是單純地做記錄並管理時間，在某個瞬間點就會萌生「我為何做時間管理」的疑問，認為記錄每天時間的行為本身就是浪費時間。當我人生中的短期、長期目標明確時，為了達到那個目標，就必須絞盡腦汁找出各種方法，這時就是使用「時間管理」最佳武器的時機點。

時間管理的步驟必須從設定目標開始。從我最喜歡的某件事物，人生中須達成的某個目標開始出發。並將為了達成目標所需完成的事項一一排列優先順序。接著，為了讓事情能按照順序逐一完成而記錄時間，並進行評價，這時就需要時間記錄及管理的技巧。

為了減少時間浪費，有效率的完成，要活用瑣碎的時間。所以在處理事情時，必須在要求完美或遵守期限之間做抉擇。

為了減少時間浪費，要果斷地拒絕對方無理的請託。將瑣碎的時間聚集成時間塊，在時間塊裡進行閱讀書籍、學習等自我開發的活動。只有在閱讀與思考上花費很多時間的人，才能邁向成功之路。

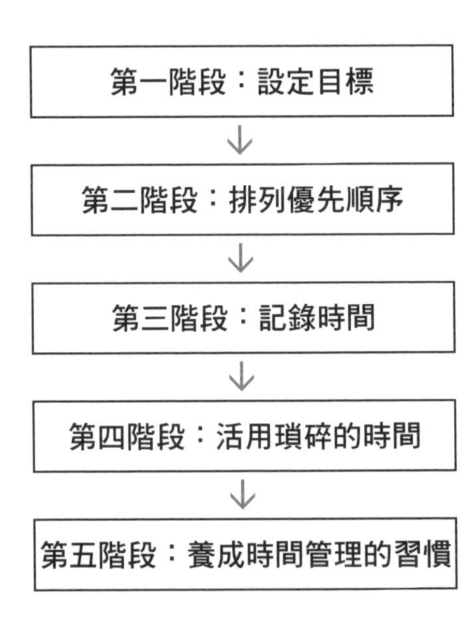

各個階段的時間管理法

本書中將以比爾蓋茲、伊隆・馬斯克為實例，輕鬆介紹各個階段的時間管理。比爾蓋茲是21世紀世界首富，伊隆・馬斯克是21世界首屈一指的創新家。兩個看似毫無關聯的典範，在時間管理層面上，究竟有何關聯性呢？

這兩個人是時間管理的最佳典範，可以從他們二人當中學習到截然不同的時間管理方式，還可以透過瞭解他們的共同點，學習到我們須具備的基本素養。

例如，比爾蓋茲是一次井然有序地處理一件事，反之，伊隆．馬斯克是一次同時推動3~4個事業，投入相當多的時間在推動事情上。隨著每個人的性格不同，在處理事情上所偏好的方法亦不同，透過這兩位名人的時間管理實例，能讓讀者試著找到適合自己的時間管理方法。

大家可藉由觀察在時間管理上，原本是門外漢的兩個人，如何開始關注有效的管理時間過程，以此提升自己的工作能力和學習能力。

第二章

第一階段：設定目標

時間管理的起點：你喜歡做什麼？

時間管理的第一步驟，並非從擬訂時間計劃開始，而是從尋找自己喜歡的事情開始。設定明確的目標，才可以有效地分配，為了達成目標所需的時間。

目標不明確，就開始進行時間管理，簡直就是在浪費力氣。沒有未來的目標，卻每天擬訂日程計劃，記錄下所有的時間，雖然可以感覺到自己很認真地生活，但那只不過是錯覺。就好像是認真地在地上挖地瓜，卻挖不出地瓜的道理一樣。挖地瓜的祕訣是找到地瓜深根的地方，再輕輕撥開土壤，才不會在地瓜上留下刮痕。

時間管理的祕訣也一樣，須先正確設定好自己的目的地，每天朝著那個目的地一點一滴地靠近。

試著想像一艘船漂浮在水面的情況，若不知道要往何處而不停地划槳，在某個瞬間，就會覺得「為什麼我要划槳？」「我想往何處去？」

若開始對於時間管理產生疑問時，就會覺得沒有必要做時間管理，於是中斷了。若從未思考過「為什麼需要時間管理？」這個問題，只盲目地將時間記錄下來，這僅是模仿他人的方法而已。

比爾蓋茲與伊隆・馬思克這兩位，是否是因為擁有某個遠大的目標而成功的呢？讓我們來分析吧！

比爾蓋茲的時間管理起點

1947年秋天，比爾蓋茲12歲那年，進入華盛頓州西雅圖的名門湖濱中學（Lakeside School）就讀。這是所私立學校約有300名左右的學生，比爾蓋茲在此找到了人生目標。

當時的電腦是昂貴的高價品，僅有部分企業用來作為商業用途，湖濱中學起初在校園裡安裝了最初階的ARS－33電傳打字機。

然而，須與奇異公司（General Electric，簡稱GE）的電腦連接才能使用，每分鐘須支付4.8美元的昂貴使用費，學校無法負擔。於是媽媽俱樂部把在跳蚤市集上所賺得的3,000美元作為電腦使用費，讓同學們可以開始使用電腦。

初次使用電腦的比爾蓋茲感受到一股莫名的奇妙感，似乎看見了另一個新世界。比爾蓋茲立即迷上電腦，從此他開始將時間投入在與電腦相關的事情。

像韓國學生們玩五子棋一樣，美國學生們玩井字遊戲。所謂的井字遊戲，就是先把三個圈或叉連成一條線的人獲勝。比爾蓋茲在13歲幼小年紀，即開發出了井字電腦遊戲，常和朋友們玩得很愉快，不過因為速度過慢，有時須耗費半天以上的時間。然而，比爾蓋茲對於只按照自己指令運作的電腦感到十分神奇。

比爾蓋茲就這樣過了一段沉浸於電腦的快樂時光，有一天突然得知一個晴天霹靂的消息，媽媽俱樂部募款所得的經費已經用完了，再也無法讓學生在學校裡使用電腦了。

上天難道不會幫助這些懂得自救的人嗎？就在此時，上天給了比爾蓋茲一個可以使用電腦的機會。電腦中心財團法人（Computer Center Corporation）斯高柏（C－Cube）以找出他們公司開發出來的軟體缺陷為代價，提供這些問題挖掘者不限次數使用電腦的機會。

聽到這個消息的比爾蓋茲在下課後，立即邀朋友保羅一起到斯高柏公司報到。該公司讓這些找出軟體缺陷的問題挖掘者，在公司職員下班後，能任意使用電腦作為代價。

他們經常開心地熬夜研究軟體，甚至為了知道更多的內容，會去翻找該公司員工們丟棄在垃圾桶裡的資料，並用心閱讀。最後比爾蓋茲完成了長達300頁的〈問題報告書〉（The Problem Report Book），後來斯高柏也確實將該報告書的部分內容活用在電腦上。

比爾蓋茲從13歲起就沉溺在電腦裡，幾乎將所有的時間都投資在電腦上。他在哈佛大學辦理退學後，於1975年設立微軟公司，長達10年的時間人生只為電腦而活，將大部分的時間完全投入在電腦上。

比爾蓋茲無須為了時間管理，擬定緊湊的時間計劃，也無須讓自己受制於此框架中。未曾做過時間計劃的比爾蓋茲，幾乎將所有的時間花費在電腦上。因為使用電腦的時光對他來說是最幸福的，而最擅長的也是電腦。

透過比爾蓋茲的實例，我們可以學習到最重要的時間管理重點，就是「人生目標的設定」。不只是目標，而是設定自己真正喜歡的目標，才可以作為時間管理的出發點。

時間管理最困難的因素

上班族時間管理的困難點分析如下：

第一，沒有能讓自己雀躍不已的目標。大多數人的人生目標並非尋找自己喜歡的事物，而是順應世界潮流吧！高中畢業後，大多是忙著進入與大學入學考分數相符的大學，而不是懷著夢想進入大學。入學後糊里糊塗地吃喝玩樂、讀書，就在渾然不覺中畢業了。看到其他人就業後，就設立了進入比他人更知名的公司為目標，並為達此目標而努力。進入公司後，發現這與自己想要的生活差距很大，於是開始苦惱我該做什麼。然而，經常是既沒有目標，也沒有特別想法。

反之，某個人設定了以成為自己領域中的佼佼者為目標，並為了達成此目標，而投入了所有的時間。因為自己的職務也是目標的一部份，每個瞬間都會全力以赴。也利用空檔時間閱讀與職務相關的書籍，並思索著如何將內容應用在實務上，於是每天都很愉快地上班。對於上司交代的任何事情，也不會感到有任何恐懼，因為已經用知識將自己給武裝起來了，不管交代什麼事都會信心滿滿地接受並完成。身旁的人有煩惱時，也會跟自己請教，所以也會為了給予他們建議，變得更努力了。

第二，想到什麼就做什麼，不易集中精神在特定事情上。正在撰寫明日要呈報上司的報告書，突然想起要跟企劃組課長打電話，於是邊打電話，邊確認電子信箱，又發現了一封來自廠商的確認交貨期限郵件。又因為覺得撰寫電子郵件很簡單，於是動手開始回覆，內容寫了又刪、刪了又寫，就這樣反反覆覆花了20分鐘才寄出。這時旁邊的同事提出一起去喝杯咖啡的邀請，就一起出去散散步、喝杯咖啡。再次回到辦公室時，已經是午餐時間了，就去吃午餐，做了有益健康的飯後散步後，回到辦公室睡個午覺。

上班族的一天大部分是這樣過的，要做的事情很多，東忙西忙到頭來自己的工作卻沒做，一天快結束的時候才開始著手自己的工作，做完時已經是晚上9點、10點。回到家後又為了犒賞認真工作的自己而喝了一瓶啤酒，在看電視時不自覺地閉上眼睛睡著了。眼睛睜開時，鬧鐘不知何時已經被按掉了，時鐘指針指著早上8點，於是匆匆忙忙隨便洗個臉，在頭髮上沾點水，隨便穿件衣服就衝出門了。

相信所有的上班族都曾有一、兩次這樣的經驗，雖然自認為工作很認真，卻經常被時間追著跑。

處理業務時，卻無法完成事先設定好的目標，其最大原因在於沒有擬定好計劃，沒依照優先順序處理事情。

要正確地擬定業務計劃，並依照優先順序處理時，當天至少可以完成三件重要的工作。不要因過度的工作慾，東做做、西做做，結果什麼事情都沒完成，該做的事情卻不斷地一直堆積。

一般上班族上班時會先打開電腦，確認一下自己計劃好的工作，然而進入眼簾的卻是網路新聞。接著就看一下FB或IG的內容，閱讀一下新文章。然後就會馬上工作嗎？還是再多看一下新聞？最大的問題在於無法區分我要做的事與我想做的事。

工作的時候總會發生一些意想不到的事情。想要提早下班，卻突然被通知召開會議。因為開了一個小時的會議，身體正感到很疲憊時，組長又說為了慰勞大家的辛勞，而邀請大家一起去喝杯啤酒。不知道該怎麼拒絕，於是又拖著疲憊的身軀去參加。

總是有某個人不帶罪惡感地剝奪你的時間，上司會突然出現在您的面前，只說：「某某某，進來開會。」這時只好無奈地回答說：「好的。」對於開會期間連一句話也沒說的自己感到十分討厭。只有身體坐在那邊，腦海裡卻全想著剛才中斷的工作。心裡只想著要趕快離開會議室，然而卻無法付諸行動。

在公司文化氛圍下，我們很難說「不」。尤其是面對上司的命令，更是無法拒絕。仔細想一想，上司的命令雖然很重要，但是我的工作也很重要，重點是時間也很重要啊！

上班族每天上班8個小時，我為公司貢獻時間的代價就是獲取金錢，上班族的生活實際上就是時間與金錢交換的系統。就領年薪的人而言，雖然會給業績高的人較多的薪水，然而實質上卻不會差異太大。

第三，發生角色矛盾的問題。每個人在公司、家庭、朋友間等等，都有各自擔任的角色。不僅要投注精神在工作上，還要思考著周末該與家人做些什麼事，還要準備自我進修的相關證照考試。若過於顧東顧西，個人的時間就會不見。時間存摺裡，每天自動存入24個小時，卻在不自覺中流出，最後歸零。

第四，因為懶惰的關係。在苦差事與輕鬆事之間做抉擇，大部分的人都會從輕鬆事開始做起。

偶爾會有想要偷懶的時候，現在為了短暫的舒適與滿足就與懶惰妥協，將自己的行為合理化，這是人之常情。坐下來的時候想躺著，躺著的時候想睡覺。工作也一樣，若想偷懶一下，就會無止盡地懶散下去，這也是人之常情。

若常常做苦差事，就會長出工作肌肉，實力也隨之增強，領悟到工作訣竅，苦差事也會變得輕鬆簡單。請記住今日的懶惰會導致明日的不安，今日的每個瞬間須全力以赴。

第五，智慧型手機偷走我們的時間。隨著科技的發展，在短時間內能迅速地移動，且能隨時跟想聯絡的人聯絡。這種技術發展並沒有讓人類的生活變得更自由，反而變得更忙碌。時間不夠用，忙碌變成口頭禪。

我們經常拿著智慧型手機到處走，不給自己一點休息的空間。隨時隨地接到電話時，就需立即處理業務。為了人類的便利性所開發出來的新技術，卻使我們生活的一切都糾結在一起，使得壓迫感倍增。

在管理時間上，要考量的事項多、困難也多，為了讓自己獲得幸福與自由，須管控自己的時間。為了進行管控，並非從「時間記錄」開始，而須像比爾蓋茲那樣，找到讓自己心臟雀躍不已的「目標設定」開始出發。

各位請從現在起開始尋找能讓自己沉溺其中的「心動目標」，說不定能將您打造成比世界首富比爾蓋茲更富有的目標，就在您的內心裡期待你的發現。

伊隆．馬斯克，一週工作 100個小時的怪咖

自2009年9月28日下午4點15分，在夏威夷往南西南邊3,900公里處的瓜加林環礁導彈防衛實驗場裡，將高21.3公尺、直徑1.7公尺的獵鷹1號火箭（Falcon 1）擺在發射台上。像是在藍色圖畫紙上繡上白雲的天空，正準備迎接火箭的到來。那天的白色獵鷹1號火箭，看起來像是躺在手術台上的病患般蒼白。這是因為自2006年起有過3次失敗經驗的關係嗎？還是事先知道這次火箭是改變SpaceX未來歷史的關鍵性事件嗎？

發射當天在洛杉磯家中睜開眼睛的馬斯克，無法拋開失敗經驗的恐懼感。因為他知道公司存摺餘額已見底了，而這次的發射，是關係著公司是否能夠繼續經營的重要事件。

過去幾個月他像發瘋了似的，週末不休息，每週工作100個小時以上，投入所有的精力在火箭發射的準備工作上。

當天伊隆．馬斯克不去公司指揮發射情形，而是帶著5個小孩去迪士尼樂園。他想透過看著孩子們開心玩耍的樣子，來甩開肩膀上的沉重壓力。

對馬斯克而言，2008年是煎熬的一年。因世界第四大投資銀行雷曼兄弟破產，使美國經濟跌入谷底。特斯拉的1,200輛訂單，卻未按時交車，顧客失去了對該公司的信賴感。公司銀行餘額不到900萬的消息開始透過傳播媒體傳開，面臨倒閉的危機。SpaceX財務見底，若這次火箭發射失敗，有可能成為壓垮公司的最後一根稻草。再加上自己和夫人賈斯汀的關係鬧得沸沸揚揚，6月16日開始進行離婚訴訟，馬斯克的人生真的跌入深不見底的無底洞。

您瞭解馬斯克當時的心情嗎？獵鷹1號承載著不安的SpaceX與馬斯克的未來。終於開始倒數計時，喊著「5、4、3、2、1」的同時，獵鷹1號散發出火焰，往空中發射。

過去發射時，因第一階段與第二階段分離失敗的關係，大家對於第一階段的分離都屏息以待。經過2分26秒之後，第一階段分離成功，大家開始拍手。經過3分12秒之後，人工衛星保護蓋整流罩成功分離。經過9分20秒，當引擎關掉時，全場發出歡呼聲。獵鷹1號是世界首次以民間力量發射成功的運載火箭，在地球史留下可貴的紀錄。

尋找自己喜歡的事物

馬斯克最初以民營企業進入任何人都不想挑戰的運載火箭，獵鷹1號發射成功後，震驚全世界。

馬斯克認為地球上的人口不斷增加，所造成的環境污染日益嚴重，日後人類將難以在地球上生存。於是他以讓地球上的人類移民至火星為人生目標，這是為人類所做的事情，以及創造出更美好世界的使命感。想在2025年將人們移民至火星，並讓他們在那裡度過餘生。

馬斯克因為有著明確的目標，這促使他一週可以工作100個小時。時間管理的第一步就是設定明確目標，並全心投入在完成目標上。「時間管理＝生涯規劃」公式也適用在馬斯克身上的。

馬斯克因為有很明確的目標，讓他過著不浪費時間的生活。比爾蓋茲也一樣，他從學生時代起就迷上了電腦，在那之後的所有時間都埋首於軟體研發，沒有浪費時間的空檔。

比爾蓋茲與馬斯克的共同點就是很早就找到自己所喜歡的事物，並設定明確的目標。然而，比爾蓋茲只集中心力在自己喜歡並擅長的強項上。他只對軟體有信心，也只集中精神在自己擅長的軟體上。開發軟體的過程中，自然就會對硬體有所瞭解，也有能力可以從事這領域的開創項目，然而比爾蓋茲從未移情別戀，只對自己擅長的軟體全力以赴。

反之，馬斯克則是超越強項與弱項的侷限，追求多元化。1995年以網路為基礎創設了提供美國各地資訊導航服務的Zip2，康柏以2,200萬美元收購了這間公司。之後他又投資1,000萬美元，創辦了提供電子商務服務的X.com公司，而這間公司就是PayPal，2002年馬斯克將PayPal賣給eBay，賺取了1.65億美元。

之後，馬斯克很愚蠢地踏入運載火箭產業，創辦了SpaceX，2004年成為製造電動車的特斯拉公司執行長，2006年成為發展太陽能的太陽城（SolarCity）公司董事長，2013年運行於真空管上的超迴路列車（Hyperloop）首度亮相，2015年設立了非營利的人工智慧研究組織OpenAI，2016年為了解決交通問題而創辦了無聊公司（Boring Company），還成立了腦部相關研究的Neuralink。

比爾蓋茲只將心力集中在強項上，馬斯克卻不斷地將自己的弱項做改善。比爾蓋茲只集中精神在國英數等科目中會得滿分的數學，而馬斯克讀國英數時，只會不斷將得到低分的科目做加強，試著讓這些科目也能獲得滿分。

這兩種迥然不同的性格差異，也明顯地反映在愛情觀上。1994年1月1日比爾蓋茲與公司同仁梅琳達．蓋茲結婚，世界首富比爾蓋茲迎娶了一位平凡女子為妻子，生下了1男2女，過著幸福美滿的生活。

反之，馬斯克於2002年與在女王大學（Queens University）認識的賈斯汀．馬斯克（Justine Musk）結婚，生下5個小孩，於2008年與賈斯汀離婚。

2012年與電影明星妲露拉．萊莉（Talulah Riley）結婚，於2012年離婚，於2013年再度結婚，卻又於2016年再度離婚。之後他與電影明星安柏．赫德（Amber Laura Heard）交往兩年，2018年開始與加拿大歌手格萊姆斯（Grimes）交往。

只集中精神在一件事情上的比爾蓋茲與關心各種領域的馬斯克，不論是在工作或戀愛上都展現出各自不同的面貌。要將精神集中在強項或弱項上，取決於個人的抉擇。很明顯的是不斷設定目標、達成目標，是征服時間的最佳途徑。

設定正確目標的方法：OKR（Objective and Key Results）

在觀察下圍棋的過程中，可以輕而易舉地辨識出誰是高手或新手。新手只在乎眼前的這步棋，而高手比起眼前的這步棋，更是不斷反覆地擬定邁向勝利之路的策略。伊隆・馬斯克是一位怪咖企業家，現實社會對於他所推動的運載火箭、電動車、太陽能等事業的評價，眾說紛紜。他甚至還擬定了在脫離重力的火星上，建造適合人類居住環境之計劃。他所推動的事業，乍看之下會覺得他像似一位圍棋新手，只在乎眼前的這一步棋。

然而，若仔細分析馬斯克所推動的所有事業，就可以發現他是一個多麼卓越的高手。表面上看似一個怪咖，只碰觸特殊產業，事實上，他就像是在精密的圍棋盤上，不斷地擺入他的棋子。

馬斯克的終極目標是「在火星上建造殖民地」。在火星上建造人類可以居住的空間，將地球上的人類載到火星上。為了達到這個目標，首先就需要像我們平常所搭乘的交通工具般安全的飛行器，而且搭乘費用也須十分低廉。

到達火星的距離不僅遠，還需要很漫長的時間。火星雖然是離地球最近的天體，以近日點為基準兩者之間的距離約為5,600公里。時速為5,8000公里的NASA太空船需40天的時間，才能到達火星。不僅耗時，還需要不少花費，光是在2000年代初期運載火箭的研發費就高達3兆韓元。假設這艘運載火箭可以承載10人，光是研發費用（不包括發射費用），每位乘客就須負擔3,000億韓元，總歸一句話，貴得離譜。

真的有人願意支付這一大筆的款項去火星嗎？然而，馬斯克相信能以過去研發費十分之一的價格，製造出新型發射器，為了達到這個目標，他成為人類史上最初以民營企業身份，加入運載火箭研發產業行列中。

人類從地球遷移至火星後，首先要解決的是在火星內移動的問題。若能像在地球般駕駛汽車當然很方便，然而地球上所使用的是以汽油為主要燃料的汽車。然而，火星上無法生產汽油，所以必須尋找其他替代能源。

這促使馬斯克開始關注到太陽能，太陽到火星的距離為2億2,800萬公里。光速每秒為30萬公里，若以光速從太陽到火星只需要12.69分鐘，而且太陽光還是一種取之不盡、用之不竭的能源。若將太陽光轉化成發電能源，那麼電動車就能在火星上行駛了。所以馬斯克將初期資金投資在電動車公司——特斯拉後，還躍升為該公司最大股東並擔任執行長。

馬斯克為了使電動車能普及，對外公開了所有的相關技術，以降低電動車的成本來推動大眾化，並擔任提供太陽能服務的太陽城（SolarCity）董事長。兩個截然不同的企業，不知在什麼時候已將棋子填滿了棋盤。

馬斯克的目標如下表：

＊目標：在火星上建造殖民地

＊細項

－以現在十分之一的費用研發運載火箭

－推動將太陽光轉化成能源之研發

－經營使用電力的電動車

那麼馬斯克的目標設定方法正確嗎？以喬治·朵蘭（George Doran）於1981年發表的論文（There's S.M.A.R.T Way to Write Management Goals and Objective）中所介紹的SMART方式為依據來分析，馬斯克的目標設定方法是錯誤的範例。首先，試著分析一下SMART方法。

目標

S：指向一個需要改進的部分，須明確且具體（Specific）

M：可量化，能測量（Measurable）

A：確定由誰來做（Attainable）

R：現實狀況是可達成的（Realistic）

T：須明訂達成的時間（Time－related）

就上述的內容來分析，馬斯克的目標設定方式確實是錯誤的。不僅是「在火星上建造殖民地」的目標不明確，還不能量化，也不知由誰來負責執行何事。

然而，馬斯克的目標設定方法卻與約翰·杜爾（John Doerr）於1999年在Google網站所介紹的目標與關鍵成果（OKR，Objective and Key Results）方法十分吻合。

*Objective：質化目標

*Key Results：量化目標

O是目標（Objective）的意思，主要是談論質化目標。就馬斯克的情形而言，可以將「在火星上建造殖民地」作為目標，就一般人的情形而言，可以將「減肥」作為目標。

KR方法是關鍵成果（OKR，Objective and Key Results），為了達成目標而作為核心追求的關鍵成果，則意味著是量化目標。

OKR方法並非是設定並達成過去的目標，而是將為了達成未來目標，所須追求的一切事物一目了然地列出來，所以須設定令心臟雀躍不已的質化目標。

就如同前文所分析的，馬斯克目標與OKR方法之吻合度高到令人咋舌。設立了「在火星上建造殖民地」的目標，並獲得為了達成此目標的關鍵成果。就企業的情形而言，為了達成目標，可以讓每個小組、每個人各自另外設定其他須獲得的關鍵成果。接著，為了達成目標，須訂定檢討週期，進行定期檢討。

通過這樣的過程，可以對為了達成目標所要執行的成果進行評估，並評估可以進行的事項。由此可知，企業讓每個部門、每個人知道須完成的關鍵成果為何，即能循序漸進地完成企業目標。

就活用最新OKR方式的情形而言，目標（Objective）是設定最終須達成的挑戰性質化目標，成果（Key Results）是運用SMART方式，設定量化目標。若定期檢討正在執行的事項，最終即可完成目標。

在本章節中，我們學習到為了做好時間管理，從找出自己喜歡的事情開始踏出第一步。比爾蓋茲在青少年時期不曾為了時間管理，而擬定緊湊的行程表，也從未檢討過。他只找出了自己想要做的明確目標——電腦相關活動，並將所有時間都投資在這上面。

馬斯克也和比爾蓋茲一樣，將所有的熱情都投注在火星上建造殖民地上。這讓他的心臟雀躍不已，並瞭解到這是只有他能做得到的事。

透過這兩個實例，我們學習到時間管理並非從緊湊地管理時間表開始出發，而是從「找出自己喜歡的事情，並設定目標」開始踏出第一步，還要沉溺於對這個目標的熱愛中。那麼就可以完全集中精神在自己的目標上，自然就可以成為一個戰勝時間的人。

銘記下列事項！

1. 時間管理不僅是單純的時間管理，而是人生管理。
2. 以「找出自己喜歡的事情，並設定目標」作為時間管理的出發點。
3. 對於時間管理是門外漢的比爾蓋茲，當他開始沉溺於對電腦的喜愛時，就可以將自己的時間完全投注在電腦相關活動中。
4. 馬斯克之所以每週能工作80～100個小時，就是因為擁有「在火星上建造殖民地」的目標。
5. 將設定目標的OKR與SMART方法銘記在心中。

第三章

第二階段：訂定優先順序

訂定優先順序的人生管理：試著橫渡漢江

經常出現在時間管理書籍中的艾森豪決策法則，是在談優先順序的相關內容。艾森豪決策法則是將各種待辦事項，依照重要性與緊急性來作區分。將事情區分為「緊急且重要」、「不重要但緊急」、「重要但不緊急的事情」、「不重要又不緊急」等四類，再來訂定優先順序。

「緊急且重要」的事情就須馬上處理，事實上，大部分緊急的事情雖然緊急，但不重要。這時就須將緊急的事情委託他人處理，自己將更多的時間花在重要的事情上，做很多重要但不緊急的事情的人，成功率相對較高。

艾森豪決策法則在理論上十分優秀，運用在區分職務的輕重緩急分類上，十分實用。但現實狀況所發生的所有問題，並非都能以此法則來分類。對於生活中所發生的抉擇，有些是必須當機立斷的。

例如，今天晚上組長想與你小酌一番，可是你早已與家中的孩子有約了。這是任何一個上班族經常遇到的事，如果是你該怎麼辦？有人會無奈地與組長聚餐，但也有人會選擇遵守與孩子們的約定。

在此，我們須關注的是問題核心，這件事情是否是緊急的。依照與組長聊天的主題來決定事情的重要性，組長若有重要的事情要談，那與組長喝酒這件事就很重要，若只是組長覺得自己用餐太無聊想找個伴，那就不重要。事實上，面對現實生活中所發生的事情，在抉擇上很難適用此法則。

那麼該如何正確訂定事情的優先順序呢？筆者所用的方法就是「橫渡漢江」。試著想想看自己站在漢江面前的情形。

假設組長站在離自己1公里遠的蠶室大橋[5]對面，對您發

5 位於韓國首爾，是一條橫跨漢江的橋樑。

出求救信號時，周圍沒有其他人，只有您一個人，您可以橫渡大橋的唯一方法就是游泳，這時不管你會不會游泳，只想著自己是否會不顧生命危險，以游泳橫渡漢江救組長，還是選擇冷眼旁觀。

大部分的人都說不會不顧生命危險去救組長，這是因為他們知道組長並不會對我的人生負責。若是你的兒子或女兒站在蠶室大橋對面喊救命時，你會怎麼做？這時不管自己的游泳能力如何，一定會游過漢江救孩子。

你覺得怎麼樣？將日常生活中所發生的事情排列優先順序，並非輕鬆的簡單事。角色關係下的矛盾問題，經常發生在我們的日常生活中。那時最簡單的方法，就是將問題要素擺在漢江的另一方，想著要不要橫渡，那麼抉擇似乎就變得簡單多了。若一件事有兩個要素都無法成為各位橫渡漢江的動機，那麼那件事就一定是小事。

比爾蓋茲的人生十字路口：哈佛抑或創業

1975年1月某個寒冷的冬天，比爾蓋茲在宿舍克利爾（Currier House）裡與保羅．艾倫（Paul Allen），邊看著當時最有名的電子雜誌《大眾電子學（Popular Electronics）》1月刊物邊交談。雜誌封面上刊登著世界最早商業電腦之競爭對手微型電腦「Altair 8800」照片，當時電腦是高價品，只有企業在使用。體積大、功能不佳，所以一般家庭很難負擔電腦的花費。

比爾蓋茲正夢想著每個家庭都擁有一台電腦的普及化世界時，這款新上市電腦是令比爾蓋茲怦然心動的驚艷革命產品。比商業用品便宜1,000美元（Save $1,000）的句子，讓比爾蓋茲對自己夢想的世界更加有信心。

比爾蓋茲控制住雀躍不已的心，開始夢想著電腦普及化的未來，現在比爾蓋茲對於自己要走的路堅信不移。

1974年MITS公司開發出來的Altair 8800，是世界上第一部個人用微型電腦，安裝了英特爾的8080 CPU處理器，不過功能並不佳。Altair 8800在下端安裝了8英吋的軟磁碟，上端只不過是由搖柄開關與顯示輸出值的LED所構成的機器，只是單純地說明這款電腦是用這種方式運作的機器。

當時這個產品是以439美元（約相當於今日的2,000美元）低廉價格上市。這對於關心電腦的人而言，在採購上是十分有魅力的價格。

在湖濱中學以設計電腦語言程式度過青少年期的比爾蓋茲與艾倫，因為悸動的心情，而試圖開發出可以運用在Altair 8800的新程式語言。

1975年1月比爾蓋茲在還未著手編寫程式語言前，就給MITS公司社長艾迪．羅勃茲（Ed Roberts）打了電話，介紹自己是Altair 8800程式語言開發小組。

他問羅勃茲是否對於自己要開發的軟體感興趣，羅勃茲回答說：「我們公司目前還沒準備好，請一個月後再來。」掛掉電話後的比爾蓋茲，為了將Altair基本語言程序化，而飛奔到哈佛大學電腦室。

這八週期間他們放棄讀書，瘋狂地日以繼夜編寫程式，1975年2月底完成了容量高達3.2K的程式。他們也去到了位於阿爾伯克基（Albuquerque）的MITS，成功地展示程式語言試用版，還與比爾蓋茲簽訂了用在Altair電腦上的Altair Basic契約。結果，艾倫被僱用，比爾蓋茲則再次回到哈佛大學修讀二年級下學期。

比爾蓋茲雖然認真讀完了下學期，但已下定決心離開學校。學期一結束，他就去到艾倫所居住的阿爾伯克基，與艾倫一同創辦了微軟，再也沒回哈佛大學就讀。

比爾蓋茲於33年後的2007年6月重返哈佛大學，被學校授予名譽博士，以畢業生代表之姿致詞，他的演說第一段內容如下：

「我為了說這句話，等了超過30年了。父親，我曾對您說我會再回到哈佛大學取得學位。」

選擇哈佛畢業證書抑或創業

比爾蓋茲應該對於要取得哈佛畢業證書抑或創辦微軟做了無數次的考量。當然也會有「再多讀一年半就是哈佛大學畢業生了，為什麼這麼急著辦理退學？」「不顧父母的反對，做出退學的選擇，是否正確？」等疑慮。若評估當時因個人用電腦所形成的技術性環境後，就會認為比爾蓋茲的創業確實是分秒必爭。

「哈佛畢業證書抑或創業」的抉擇，是以比爾蓋茲所追求的價值觀為依據訂定優先順序。若是自我價值觀已確立的人，能輕易做出決定，然而，即使人生經驗豐富的人，也不易形成完美的價值觀。

即便如此，在自己的人生中面對重要抉擇的瞬間時，該如何排列優先順序呢？這次的決定將在自己人生或未來生活的時間管理造成重大影響，所以弄懂這部分是很重要的。

人生曲線與人生窗口

人生曲線（life curve）

比爾蓋茲的人生十分有趣。他在達到成功的頂點時，放下一切，尋求新挑戰。就如同前文所述，讀完哈佛大學二年級，只要再讀一年半就可以取得畢業證書，然而他卻果決地選擇退學，在比爾蓋茲的人生中，微軟比一張畢業證書更為重要。

比爾蓋茲於2008年卸下微軟會長職位，變身為慈善家。專心在比爾及梅琳達·蓋茲基金會上，成為一位為了人類而心甘情願放棄自己財產的帥氣慈善家。比爾蓋茲在人生的頂端上觀看自己人生的最後旅途的同時，也在創造自己的另一條人生曲線。

若試著畫畫看比爾蓋茲的人生曲線時，可以知道他的人生是有條不紊地朝著自己想要的方向發展的。起初在湖濱中學磨練電腦技術，打造一個小曲線。最初在與電腦相關的才能上面，多少覺得速度有點緩慢，經過了一段時間後，實力增加，發展的速度變得越來越快。

比爾蓋茲的實力到達頂點時，他畫出了創辦微軟的新創業曲線。這個曲線一開始成長很緩慢，隨著時間的流逝，速度急遽加快，而醞釀成很大的成長。

成長曲線的特徵是一開始發展緩慢，累積到某個程度的實力時，速度就會漸漸加快！即便如此，在某個時間點會處於停滯狀態，並逐漸退步，這時打造新曲線是十分重要的。

就時間管理層面而言，比爾蓋茲的人生曲線給我們下列幾點啟示：

第一，人生的成長過程。比爾蓋茲的人生發展階段是「自己→組織→社會」。起初為了電腦程式設計，將自己的時間皆投入於此。

經過很長一段時間的實力累積期，培養自己的能力。在實力達到某種程度的水準時，成立公司、經營組織，還將微軟這個組織培養成世界最大的公司。

他為了全世界設立慈善機構、回饋社會，將自己的能力發揮到最大值。他不是單純的世界首富，而是成長為可以引領社會的領導者。他展現出這樣的人生曲線，從管理自己開始出發，接著管理組織，再成長為管理社會的大人物。這告訴我們，人生的框架應該從自己擴大到組織，再擴大到社會。

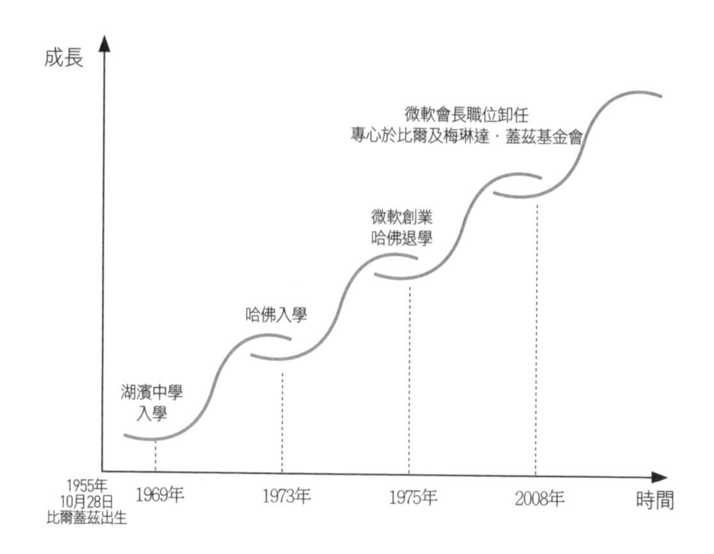

比爾蓋茲的人生曲線

第二，依據人生曲線有意義的活下去。江水匯集於海洋，公車也有終點站，就如同跑步一般，我們的人生也有終點站，這個終點站每個人都一樣。我們是人類，所有的人都會迎接死亡，這就是真理，人類的人生曲線終點就是死亡。雖然每個人都會死亡，但也不可以只盡情地玩樂！我們必須做一件能帶給下一代更美好的事。

「虎死留皮，人死留名。」這句話應該多少聽過一、兩次吧！這句話的意思是「老虎死了會留下皮革，人死了名流千古。」死亡後，人的肉體會消失，然而我們的名字會永遠流傳，繼續存在世間上。

比爾蓋茲是人類，所以總有一天會死亡。然而他過世後，他所創設的比爾及梅琳達·蓋茲基金會繼續流傳至下一代，為了創造更美好的世界而做出貢獻。他的名字將繼續活著，傳給他的後代子孫。

第三，須集中火力在自己的強項上，畫出人生曲線。就比爾蓋茲的情況而言，他自幼年時期開始，他知道自己的強項是數學。他在創造電腦運算體系時，就是積極活用了這項強項。

比爾蓋茲若依照父母的盼望成為律師，就須開發出與法律相關的能力。換句話說，為了增強自己的弱項，須付出相當大的努力。即使改善了弱項，也無法像今日的比爾蓋茲成為世界首富。

若想畫出成功的人生曲線，就須將精力集中在強項上，畫出人生曲線。可以畫出由一條很長的線所構成的人生曲線，也可以由很多條短線所構成。畫各式各樣的曲線時，須畫出自己未來的樣子。若苦惱著該如何描繪自己的未來，那麼請參考下列的人生之窗。

人生之窗（Life Windows）

有可以簡單畫出自己未來的方法，透過9個窗戶，來映射自己的人生。此方法是在TRRIZ（創意性的問題解決理論）中預測未來技術所使用的方法，十分適合把它適用在我們的人生上。

透過人生曲線，可以畫出自己要走的人生方向及目標，人生之窗可以更具體地畫出自己的未來。

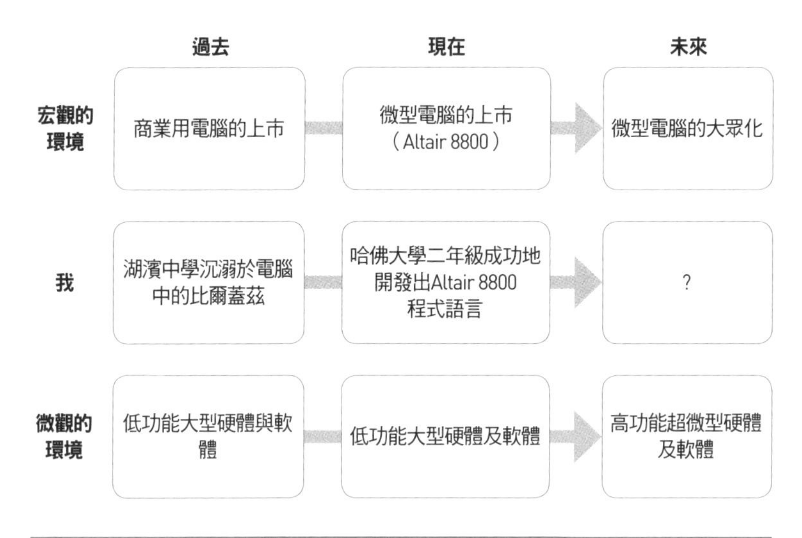

1975年比爾蓋茲的人生之窗

首先，畫出如上圖般有9個格子窗的圖。先畫出橫軸與縱軸，橫軸是呈現出過去、現在、未來的時間軸，縱軸是環繞在自己周遭環境的軸。正中央的格子是寫自己的現在狀況，上方是寫環繞在自己周圍的宏觀環境，下方格子是寫微觀環境。接著，分成過去和現在來分析環繞在自己周圍的環境要素與自己的狀況，可以預測出自己未來的狀況。

讓我們一起回到1975年，比爾蓋茲從哈佛大學退學的時間點，當時他還在苦惱著未來的方向。過去在湖濱中學就讀的他，是一位喜歡電腦的少年，那時候的宏觀環境是價格昂貴的商業用電腦剛出現，一般家庭是無法想像使用電腦這件事情。這台電腦擁有低水準的記憶體、速度慢、也無可以應用的系統。

再觀察現在的格子，比爾蓋茲在哈佛大學就讀時，成功地開發出Altair Basic語言。當時的宏觀環境，就是微型電腦的問世，價格比過去的商用電腦便宜，然而電腦的水準只比計算機好一些。

但比爾蓋茲相信以後的個人電腦市場會不斷擴大，那麼就需要電腦應用系統。為了因應宏觀的電腦環境成長，比爾蓋茲開發了與電腦相關的細微技術，如：應用系統、軟體系統。

透過人生之窗來分析比爾蓋茲所處的環境後，試著想想若我是當時的比爾蓋茲，也一定不會選擇繼續在哈佛大學就讀，而是創辦微軟。

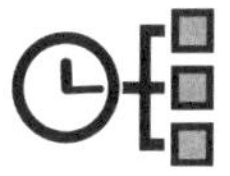

伊隆・馬斯克的人生十字路口：史丹佛抑或創業

1995年的某一天，馬斯克與銀行家彼得・尼克遜（Peter·Nicholson）一起漫步在多倫多的街道上。伊隆・馬斯克就讀加拿大的女王大學時期，彼得在多倫多豐業銀行（Bank of Nova Scotia）擔任管理職。馬斯克有一天突然給彼得打電話，問他是否可以一起去用餐，彼得被馬斯克的唐突舉動所吸引，很爽快地允諾了他的邀請。

彼得與馬斯克一起享用午餐、交談，彼得以高價購買了馬斯克的未來發展性與熱情，以每小時14美元僱用他為實習員工。從此彼得成為馬斯克人生當中的重要夥伴，馬斯克只要一出現困難時，就會向彼得求救。

這一天馬斯克去找彼得，向他請教人生相關問題。

馬斯克對於自己進入史丹佛大學物理系博士班就讀一事是否為正確之舉，正感到心煩，當時正是掀起網路風潮的年代。1994年12月上市的網景（Netscape）正揭開此風潮的序幕，同年8月上市的比爾蓋茲Windows 95也推出了網路瀏覽器internet Explorer，促使了網路世界的競爭變得更為劇烈。

看著這種變化的馬斯克不想坐在書桌前，錯失這樣的機會，他想開始嘗試過去利用空檔所製作出來的電子商務事業。他認為在電話簿中尋找各地區公司資訊的時代已經結束了，現在將開啟在網路上輕鬆查詢到各地區商務資訊的時代，於是想開始創辦提供這類服務的企業。

馬斯克覺得當時是創辦這類產業的黃金時期，除了傑佛瑞．貝佐斯（Jeff Bezos）剛開始經營網路書店——亞馬遜（Amazon）以外，沒有其他電子商務。

馬斯克跟彼得談了自己的工作計劃，想在網路上打造假想都市，任何一個人都可以查詢到想知道的創業相關資訊。他構思的創業企劃案就像是天方夜譚般不可思議，聽到他這番話的彼得覺得馬斯克的創業將會成功，這給馬斯克打了一針強心劑。他告訴馬斯克不用過度擔心，博士班是隨時都可以重新開始的。馬斯克在進入博士班的第二天就選擇了退學，並創立了Zip2。四年後Zip2被康柏收購，他從中賺取了約220億美元。

訂定優先順序

伊隆·馬斯克與比爾蓋茲的共同點是放棄了知名的長春藤盟校，並獲得了很大的成功。難道放棄知名大學就是成功方程式嗎？在此，我們必須深思一個重要問題：「促使他們放棄知名大學的決策為何」？

如果我們是像比爾蓋茲或馬斯克這麼知名大學的大學生或研究生，因為對於未來的恐懼，不容易做出退學的決定。知名大學的學位就像是保障自己未來的保險一般，在學校裡投資越多的時間與金錢，越是難以放棄。

當時的比爾蓋茲幾乎已完成大學三年的學業，再上一年的課，一定可以取得畢業證書。想著學分已經修了百分之七十了，終點站就在眼前，可是他卻選擇放棄這場比賽。

馬斯克於1989年進入女王大學就學後，又轉入賓州大學就讀，1995年賓州大學畢業後又進入博士班，前後共有七年的時間專心致力於學業上。上大學的他認真學習自己喜歡的物理學，並從中找到樂趣，於是選擇進入物理系博士班就讀，只要念個2～3年，就可以取得學位。不過他在入學第二天就放棄博士班，選擇創業。

我們不能像比爾蓋茲或馬斯克般下同樣決定的理由有兩個。第一，對未來沒有信心。比爾蓋茲與馬斯克兩位都想要跟上瞬息萬變的時代潮流，而且對於自己的未來很有信心。比爾蓋茲想像著每個家庭都有著一台電腦，馬斯克創造出地球以外的新文明世界。這兩個人對於自己未來的計畫十分確信，追求目標的果斷力也毫不遲疑。

第二，對於已投資的時間與金錢感到很可惜。因為已投入很多時間與金錢，所以對於踏上另一條新的路感到害怕，即使知道自己現在走的路不正確，還是試著想要走到最後。

從首爾出發來到大田，再稍微轉個方向就可以成功到達清州，然而心中卻還是想去最初想要去的目的地釜山。明明知道自己去到釜山後，還是會返回到清州，然而，卻害怕在中途下車，就按照原來的規劃繼續到釜山。像這樣對於自己不喜歡的事情，只因為已經進行一段時間了，所以就繼續做的行為，在行為經濟學上稱為「沉沒成本謬誤」。

沉沒成本謬誤的實例在我們周圍顯而易見。投資股市時，有的股票漲、有的跌，然而大部分的人賣掉上漲的股票，買下跌的股票。這是為了找回本金的關係，這是錯誤的抉擇。

企業也一樣，已投資很多金錢在拓展新產業上，然而，在市場上反應卻不佳。明明知道要在此停下腳步，但對於已投入的資金感到很可惜。心想若再多投資一些，新產業的情況就會好轉了，於是又多投資了一些錢。企業倒閉的理由之一，就是提供或生產了每個消費者都不喜歡的產品或服務。

我在不久前到電影院看了部電影，因為相信網路上的評分而去看，大約經過30分鐘，覺得電影十分無趣，想馬上離開，卻覺得錢已經付了，於是就坐到電影結束。

電影結束後，離開電影院時，仍然不斷抱怨電影真無趣，覺得花錢來電影院真的很浪費時間和金錢。

李泰興為了取得每學期學費為1,000萬韓元的MBA學位，而在管理研究所就讀。已經上完了兩學期的課，進入到第三學期。可是某一天在上課過程中突然萌生了「再也不想讀管理學」的想法，泰興不想再待在教室裡學管理學，更想到外面世界去體驗活著的管理學。突然領悟到令自己怦然心動的目標是創業，想直接經營公司。然而，泰興對於已投入的時間與學費感到很捨不得，於是繼續修讀下學期的課程，無法將這些想法落實。

在此，我們要搞清楚重要的事實，就是我們無法回收已用掉的時間與金錢。以後，我們還要做出更多關於是否投資時間與金錢的決定。是否對於畢業後學位的使用做了規劃？那麼將投資的金錢與時間視為潑出去的水，無法回收，即使回收了，也是無法飲用的水，須銘記於心。

那麼為了不陷入「沉沒成本謬誤」中，我們該如何做？試著畫出自己的人生曲線與人生之窗，也是很重要的。將我人生中須達成的目標畫成一幅圖，再繼續往前邁進，就能比較輕易地做出決定。

將這幅圖貼在可以常看到的地方，每天都要多看幾次，在某個瞬間就會發現，自己正朝著想要的未來世界更靠近一步。不是以過去或現在，而是以未來為基礎的決定，才可以讓各位避免犯下沉沒成本謬誤。請開始畫目標圖，可以讓各位不浪費自己寶貴的時間。

好的出發就會伴隨著好的過程，每個人在自己的人生中都會有想要完成的事情，幫助各位完成這些事情的方法，就是時間管理。

全世界最聰明的人聚集的哈佛大學，為了順利畢業所需必備的能力為何？就是排列事情的優先順序，再依照這些順序進行時間管理。

《充分利用大學：學生用自己的思想來表達他們的想法：》（Making the Most of College： Students Speak Their Minds）一書中，即探討「哈佛大學新生為了取得最優秀的成績，所需的能力為何？」這個問題。

作者是哈佛大學統計系理查德·J·李特（Richard J.Light）教授，提出了這樣的疑問「都是哈佛大學學生為何有些人成功地度過大學生活，而有些人卻失敗？」於是他花了十年的時間，以1,600位哈佛大學為對象進行研究。他將這些學生區分成，從事家教活動也取得優秀成績的團體，與不屬於這類的團體，並進行觀察，結果發現令他感到十分驚訝的事實。

大部分的人都會認為在哈佛大學就讀的學生，是屬於成績優秀的學生，與我們是屬於不同類型的人。認為哈佛大學生天生擁有好的頭腦，對於學習的熱衷也與眾不同，或者擁有與眾不同的獨門學習祕訣。這些人又區分成認為以自己的能力永遠無法進入哈佛大學就讀的族群，與以哈佛大學生的學習方法訓練自己子女的努力型族群。

理查德透過結果研究發現了一項有趣的事實，決定學生成績優劣的關鍵因素，就在於時間管理。徹底做好時間管理的學生，即使從事打工或家教活動，對成績都不會有絲毫負面的影響。而且從事社會服務活動的學生們，成績反而比沒從事社會服務活動的學生們好。

反之，學校成績不佳的學生們往往疏忽於時間管理，他們說不定會花更多時間在學業上。然而，他們對於所擁有的時間分配及有效利用的方法有點落後。

管理時間並非單純地有效使用所給予的時間，時間管理是從徹底區分本人要做的事，與不要做的事開始出發的。一般我們會從簡單、容易的事情開始著手，這會使重要且困難的事情一直往後拖延，這樣的情況應該消失。

學業也一樣，一定有自己想要學習的科目，也有自己想要參與的課外活動。將這些活動排列優先順序，再一一完成，這就是成功完成哈佛大學大學生的生活方法。

在時間管理上，無條件地把行程弄得很緊湊的方式並不太好。更重要的是為了打造出更自由的人生，須將重要的事情排列優先順序。將精神投入在所給予的時間上，完成一個計劃後，再完成下一個，就可以感到每天都過得很充實。

自由的人不管在任何情況下都不會被時間追著跑，並不是性格鬆散，而是擁有打造出悠閒人生的技巧。已養成將瑣碎時間組合成時間塊習慣的人，在自己的生活不難創造出自由。

本章節中分析了放棄哈佛的比爾蓋茲與放棄史丹佛的馬斯克，他們能做出退學這麼困難決定的原因，就是他們可以排列出自己所需的事情優先順序。

當很難排列優先順序時，那麼試著回想一下「橫渡漢江」的方式。將要做決定的事項放置在漢江對面，試著想想看是否會為了完成這個決定，而冒著生命危險橫渡漢江，那麼各位就可以更輕鬆做出正確的決定。各位畫出自己的人生曲線，看看自己的人生終點站，對於在做重大決定時是有幫助的。

對於未來感到茫然不知所措時，每個人可以試著畫出自己的未來藍圖，再依照那幅圖而努力生活，未來就會更清晰。透過人生之窗看世界，可以窺視到過去、現在、未來。從現在起一定可以尋找到，令自己心動不已的事情，那件事可以幫各位在人生中找到優先順序。

銘記下列事項！

1. 第一階段設定目標，第二階段排列優先順序。
2. 排列優先順序的方法，請活用依照緊急性與重要性排列順序的艾森豪法則。
3. 很難訂定優先順序時，將要決定的事項置放在漢江的對面，想想看是否會游泳到對面去完成它。
4. 為了設計我想要的人生，請試著畫人生曲線與人生之窗。
5. 很難做出決定的理由，是對於未來沒有信心或犯下沉沒成本謬誤的關係。

第四章

第三階段：時間記錄

填滿時間表空格

各位一個星期工作幾個小時、讀幾小時書、運動幾小時、睡覺幾小時，你清楚地知道嗎？上班族實際工作的時間是幾個小時？上班族一般一天工作8個小時，那是上班總時數，實際上他們並不太清楚實際工作的時數。先分享一個我們周遭常見的上班族案例——金代理。

金代理每天早上8點上班，上班後打開電腦，用網路檢索一下昨天的時事報導，看看洛杉磯道奇隊比賽結果。再登入臉書看看各種資訊，當看到認識的人的照片，就會順手按下「讚」並留言。

這時同一組的同仁崔定奎代理來找他，邀請一起喝杯咖啡，再聆聽一下崔代理的婚姻辛酸事，覺得頗有同感，不知不覺又過了30分鐘。

回到辦公室後又有組長找，接獲各種工作任務的指派，再登入電子信箱，確認一下是否有新郵件，就已經是10點了。這時Kakao talk裡塞滿了認識的人所發出的訊息，再發幾個貼圖回應對方一下。這時金代理才開始著手準備上午的會議，忙碌地處理工作。

金代理是每天早上8點準時上班的員工，個性踏實，也常常聆聽同仁的苦楚。不過金代理每天早上看的時事報導是工作嗎？和同仁喝咖啡的時間是在工作嗎？若仔細分析一下金代理整天所做的事情後，發現真正花在處理工作業務的時間並不多，上班後坐在辦公桌前，並不代表一定是在工作。

仔細分析留在公司工作到很晚的人的特徵，發現他們會在工作時間內不斷將工作往後拖延。和他們一起工作時會發現，他們不會在期限內完成自己的工作。因為他們已養成了留在公司工作到很晚，並將工作不斷往後拖延的不良習慣。

也許金代理的故事正是自己的故事？自己一天到底工作了幾個小時？一天花了幾個小時在提高自己的能力上？請試著像在家計簿上記錄收支出明細一般，記錄每個小時的活動，並進行檢討。

記錄時間家計簿的方法十分簡單。首先，最初以30分鐘為單位做記錄為宜。若以每分鐘為單位做時間記錄時，最初可能會充滿熱情，之後就會覺得是為了工作而工作，沒多久後就會感到萬分疲憊。以30分鐘為單位，比鉅細靡遺地做每分鐘的記錄更為適宜。做記錄的工具不論是使用APP、日曆或便條紙等都可以，只要能做記錄即可。

若是上班族，將每天要做的事情種類劃分為起床、上班準備、上班通勤、工作、午餐、午休、工作、下班通勤、讀書、運動、育嬰、聚餐、就寢等。請試著將每天的活動做記錄，隔天早上再進行計算。

只要將個人平時的活動區分成5～6個（工作、育嬰、個人私事、自我開發、其他等）項目即可，無需細分成很多項目。經過一個星期後，以週為單位來統計所使用的時間。那麼就可以知道一週168個小時中，自己用了多少個小時在工作上，又用了多少個小時在自己身上？

時間塊技法

剛開始著手時間記錄的菜鳥，十分適合使用時間塊技法。若從一開始就讓這些菜鳥鉅細靡遺地做以分鐘為單位的時間記錄，就猶如讓還不會走路的小孩學跑步一般。

若對這些人要求以分鐘為單位記錄下一切活動的話，他們就會抱怨說：「怎麼可能把這些內容都記錄下來呢？」沒多久之後，就會覺得花過多的時間在做記錄上，而出現抱怨聲。因此，剛開始導引初學者輕鬆獲得成就感，是十分重要的。

早上從起床開始以30分鐘為單位做記錄，帶著以堆磚塊的心情，將空格填滿。盡可能依照每個事件發生的時間點做記錄。若經過一段時間後，再一次性地把活動內容記錄下來時，很難正確記錄下每個時間點所做的一切活動。

為了即時記錄一整天的時間，請試著努力看看吧！就寢前，統計一下整天各個項目所花掉的時間。每個項目以不同顏色做標示，效果更佳。接著在「時間空格」表上，自我開發項目塗上灰色，個人私事項目塗上藍色，工作業務項目塗上藍色，就寢項目不塗上任何顏色。

以顏色進行分類時，即可輕鬆地辨認出一個星期中我最常使用的時間領域。

以所記錄的內容為基礎進行統計時，就會發現本人所想像的與實際所使用的時間之差異，也可以知道自己花了多少在自我開發上。

未曾在自我開發上下功夫的人未來堪憂，只有活用瑣碎的時間，利用空檔看書或學習的人才能迎接美好的未來。健康就如同儲蓄，每天只要運動一點時間，就可以增加一點點餘額，隨著年紀的增長，就能一點一滴地將餘額提領出來。

須進行測量，才能掌握本人現況，並訂定改善的目標。就這點而言，時間記錄是十分重要的。

筆者使用442法則來規劃時間。以週為單位，每個項目各使用42個小時。以工作業務42個小時、就寢42個小時、個人私事（用餐、育兒等）42個小時、自我開發（運動、上課、讀書等）42個小時為目標。然而，每天會出現很多很難實現的情形，所以利用週末補足那沒做到的部分。

個人認為最困難的部分，是用42個小時在自我開發。

我的時間管理表

區分	7/1(一)	7/2(二)	7/3(三)	7/4(四)	7/5(五)	7/6(六)	7/7(日)
4AM							
5	閱讀	閱讀	閱讀	學習	閱讀	閱讀	
6	游泳		游泳		游泳	移動	
7	準備/上班	準備/上班	準備/上班	準備/上班	準備/上班	學習	閱讀/學習
8	擬定計劃	擬定計劃 會議	擬定計劃	擬定計劃 會議	對話 擬定計劃	運動	
9	撰寫會議資料	業務	業務	業務	業務	研究所課程	
10							準備
11	會議	撰寫資料	報告書	會議			移動
12PM	午餐 閱讀	運動 午餐	午餐 閱讀	運動 午餐	午餐 閱讀	午餐	教會
1	業務	訂週計畫	業務	企劃案會議	會議1	研究所課程	午餐 移動
2	匯報				會議2		
3	業務	業務					親子時間
4		巡視現場	會議	撰寫資料	撰寫資料	自修	
5	晚餐	晚餐	聚餐	晚餐	移動	移動	閱讀
6	讀報 下班	閱讀		閱讀 下班		晚餐	晚餐
7	親子時間	下班					
8		親子時間		親子時間	研究所課程	親子時間	親子時間
9	閱讀		親子時間				
10		閱讀	閱讀	閱讀	移動	閱讀	閱讀

為了補足平日的不足，週末須清晨4點半起床，空出4～5個小時在自我提升上。早上9點左右叫醒家人，開始出發一天的戶外運動行程。

時間管理上，最重要的是增加自我開發的比例，培養自己的實力。以週為單位進行記錄、管理時間，就可以不浪費自己的時間。藉由記錄自己珍貴的時間，可以積極地過自己獨有的帥氣人生。

比爾蓋茲：高手的5分鐘日程表

比爾蓋茲是世界上最忙碌的人之一，以改變世界的人來形容他更為貼切。他一個舉動，就會改變我們的生活。在2008年以前，比爾蓋茲一直為了讓應用程式普及到各個家庭的電腦而忙碌，現在他為了拯救因疾病與貧窮而痛苦的人們而忙碌。

比爾蓋茲不管做什麼事情，都是以全世界為對象。最近他成為促進馬桶普及於全世界21億人口的宣傳人員。在貧窮的國家裡馬桶並未普及於每個家庭，因此，糞便無法被淨化就流入河水中，又成為人們的飲用水，飲用這些髒水的人們就罹患了霍亂等疾病。

依據英國報章雜誌《每日電訊報》的採訪內容，比爾蓋茲一天的行程是以分鐘為單位來進行管理。在行程較多的日子裡，以5分鐘為單位進行規劃。連會議時間、握手時間都會列入時間規劃的細節中，十分縝密。每次擬定好的日程，都會盡可能努力地完全遵守。

自1987年起至2018年比爾蓋茲曾造訪韓國7次，每次造訪韓國時皆與總統見面，與金大中、盧武鉉、李明博、朴槿惠等總統見面時，談論了韓國通訊資訊相關內容。因為是以很短的時間造訪韓國的關係，在造訪期間他的日程表是以分鐘為單位進行管理的。

比爾蓋茲2008年5月6日造訪韓國時，只在韓國停留了4個小時30分鐘。因為時間很短，他在青瓦台與李明博總統聊天的過程中共進晚餐。之後，參與小公洞樂天飯店裡，由微軟韓國分公司舉辦的「2008年韓國創新日」活動，並進行演講，之後再與KIA汽車締結汽車IT領域策略性技術合作後，就飛往日本了。停留的時間雖短，但比爾蓋茲的行程卻排得滿滿的。

2018年世界富豪排名

排名	姓名	資產	年紀	財富之源
1	傑佛瑞．貝佐 （Jeff Bezos）	$112B （112兆韓元）	55	亞馬遜
2	比爾蓋茲	$90B （90兆韓元）	63	微軟
3	華倫．巴菲特 （Warren Buffett）	$84B （84兆韓元）	88	波克夏．海瑟威 （Berkshire Hathaway）
4	貝爾納．阿爾諾 （Bernard Arnault）	$72B （72兆韓元）	69	LVMH （路易．威登集團）
5	馬克．祖克柏 （Mark Zuckerberg）	$71B （71兆韓元）	34	臉書

比爾蓋茲經常認為時間十分珍貴，因為對他而言，時間是比金錢更珍貴的資源。以2018年為基準，比爾蓋茲的總資產為902億美元，為全世界第二富有的人。（包含2000年以後比爾蓋茲的捐款360億，仍然是世界第一）比2017年的860億美元增加了42億美元（約42兆韓元）。

比爾蓋茲於2018年一個月賺3.5億美元，一天賺11.6百萬美元。以秒為單位計算時，1秒鐘賺135美元，1分鐘賺8百萬美元，1個小時賺5億美元。時間可以說是他最有價值的資產。因此，他比任何人都知道時間管理的重要性。

另外一方面，如果你問上班族忙碌嗎，大部分都會回答十分忙碌。到底韓國勞動者平均每個小時賺多少錢，為何常說十分忙碌？

依據2018年僱用勞動部以韓國全體勞動者為對象所進行的「企業勞動者調查」，2018年月平均上班日數為20日，月平均163.9個小時，日平均8.2個小時。一人月平均薪資為3,376,000韓元。再除以月平均上班時間，得出平均每小時賺20,597韓元(約台幣509元)。

每個小時賺5億美元的比爾蓋茲從未抱怨過自己很忙，而是越忙碌越努力擬定時間計劃。反觀，每小時賺20,597韓元的韓國上班族只會抱怨很忙，對於每天的生活不曾做過時間計劃，任由時間的流逝。

比爾蓋茲與平凡生活的我們一樣，每天都有24個小時會自動存入時間存摺。如何使用24個小時，將左右各位的人生。然而，每天自動存入的時間若隨隨便便地使用，人生極有可能呈現出赤字。

每天帶著儲蓄的心情，就會珍惜時間，更有意義地使用，那麼時間就會帶給各位成功的禮物。

時間管理的三階段程序

該如何善用24個小時呢？

為了時間管理，一般須經過三個階段程序。首先，各位要先知道在哪些地方花了多少時間，並擬定計劃加以實踐，筆者稱此為「3P策略」。

第一個P是「Perceive Your Time」，認知自己花了多少時間在哪些地方上？

第二個P是「Plan Your Time」，擬定自己的時間計劃。

第三個P是「Practice Your Time」，實踐自己的時間計劃，並時時檢討。

經歷過「知道自己的時間、擬定計劃、實踐並檢討」等三階段的循環過程後，一定能提升時間管理的能力。

認知自己的時間（Perceive Your Time）

美國某家企業會長去拜訪了管理學學者彼得・費迪南・杜拉克（Peter Ferdinand Drucker），並向他抱怨時間不夠用。彼得・費迪南・杜拉克則要求他，詳細記錄下自己六個星期的時間使用實況。

六個星期後這位會長面帶著驚訝表情去拜訪彼得・費迪南・杜拉克，他說自己一直認為一天有三分之一的時間是用在參加重要會議，三分之一的時間是用在與顧客會談，其他剩餘的三分之一則是用在參加地方上的社會活動。做完時間記錄後，卻發現自己大部分的時間是用在督促或指使員工上。

從上述內容中，我們得知頭腦所認知的與實際的時間使用不同。所有事情是從時間開始出發，為了管理時間，得先正確知道自己的時間使用。在記錄自己的時間使用過程中，就會自然養成時間管理的習慣，在時間管理的過程中，就會打造出時間塊，最終就能更有效地活用時間。

擬定自己的時間計劃（Plan Your Time）

1918年的某一天，世界最大規模鋼鐵公司伯利恆鋼鐵（Bethlehem Steel Corporation）董事長查爾斯・施瓦布（Charles Schwab），去造訪了知名顧問艾維・萊德拜特・李（Ivy Ledbetter Lee）先生，並向他請教要如何做才能更有效地處理更多事務。艾維・萊德拜特・李做了以下簡單的回答。

- 下班前列出六件明日必做的最重要事情。
- 依照其重要性，排列優先順序。
- 隔日上班時，只做編號1號的事情，且在做完此件事情之前，不碰其他事情。
- 其他事情也是如法炮製，當天沒做完的事情則列入明日必做事項清單中。
- 每天反覆實踐同樣的方法。

執行了幾個月後，查爾斯・施瓦布對這個方法感到很滿意，並送給艾維・萊德拜特・李一張面額25,000美金（以現在的價值來計算，相當於73萬台幣）的支票。

這個方法超簡單，任何一個人皆可輕鬆完成。即便如此，真正實踐的人並不多。從查爾斯・施瓦布的實例當中，我們得知時間管理最重要的一點即在於先編排優先順序，再一一去實踐。

經過多次實踐後，意外發現此方法的成效十分優越。在前面章節的編列優先順序篇中雖也有談到此方法。然而，在處理事情上，單工作業比多工作業更有效率。因此，我們首先要做的第一步就是計劃一天的日程。

今天必做事項清單與優先順序

區分	1天
A2	A產品市場分析報告
A3	12月業績報告
B1	新產品出貨檢討報告
B2	擬定一年的計劃
A1	撰寫CEO報告書
B3	籌備新產品會議
C1	給合作廠商發電子郵件
C2	生產日程協商

每天早上開始一天的生活前，花10分鐘左右的時間擬定一天的計劃，並對於昨天必做事項清單進行檢討，列出今日必做的事項清單，並將其排列優先順序。

依照事情的輕重緩急性，以A、B、C做標示。A項目中，以A1、A2、A3標示優先順序。

首先從A1開始著手進行，在做完A1之前，不處理A2。若是A1做完一點點之後，就接著做A2，再接著做A3，就會沒辦法完成任何事情，而漸漸地將事情堆積成山。因此，做完一件事情後，再接著做另外一件事情，是戰勝時間問題的最佳捷徑。

將今日必做事情清單擺放在時間日程表上方，在必做事情上以A、B、C標示優先順序。將依照優先順序整理出來的要做事情的記錄寫在時間日誌上，每完成一件事情，就用紅筆在必做事情清單上刪掉。

就這樣做了一整天的事情後，就會很清楚知道已完成的事和明天要做的事。也將下個星期必做的事列在下個星期清單中，就不會忘記，會記得去處理。

一天10分鐘的計劃與依照優先順序處理事情，是讓每天都過得很充實的核心祕訣。

實踐自己的時間，並時時檢討（Practice Your Time）

就像在時間計劃中所看到的內容一樣，在實踐自己時間上最重要的一點是依照優先順序處理事情。

在進行過程中即使有其他事情插進來，也盡可能依照優先順序來處理，這樣才可以把重要的事情處理好。盡可能快速完成所有的事情，並增加自我開發的時間，這是十分重要的。工作做完後，其他的時間可以閱讀書籍或是提升自己。

完成每天的事情後，須做檢討。隔天早上在擬定當天的計劃之前，先針對前一天所使用的時間做一下統計。在計劃表下端將使用掉的時間分成四類記錄下來，檢討昨天沒做的事，並將它們編入今日必做事項清單中，並再次為它們編排順序，依照優先順序處理。每當做完一件事情，就記錄下當時的時間。

最後統計每天所使用的時間，以一週為單位進行統計，並做檢討。針對未完成的目標，檢討其原因，並為了達成下個星期的目標而努力。

時間管理並非將日程安排得很緊湊，讓生活過得很忙碌。反而是為了打造出更悠閒的生活，而去安排日程。在有限的時間內集中精神、完成計劃，再依照優先順序完成下一階段的計劃，每天將會覺得過得很充實。

悠閒的人不管在任何情況之下，都不會被時間追著跑。並不是他們擁有閒散的性格，而是他們懂得如何打造悠閒生活。

透過時間管理挪出更多的瑣碎時間，並將這些瑣碎時間聚集成時間塊，將自己引入更悠閒的生活。

將時間區分成四類的「442法則」

像電影結構般的一天

環顧周圍，有很多人的生活像電影結構般。這並非是指他們活得像電影般燦爛，而是指生活像電影結構般單調。

請大家試著回想一下去到電影院看電影的情形。看10分鐘左右的預告片，才正式開始觀看該部電影的情節。電影結束時會以在螢幕裡打出導演、演員、工作人員等人的名字作為結尾。大部分的人不太關注片尾，電影一結束就會拿著沉重的包包往外走。

上班族生活就像是由預告片、本片、片尾組成的電影一般。早上起床後洗臉、吃早餐、準備上班（這是電影預告片）。

下班後，在公司待一整天（這是本片）。下班後，以結束一整天的工作為藉口，在看電視或滑手機中睡著。大部分的人在下班後，大多對時間不太費心思（這是片尾）。喜歡喝酒的人會努力增加與他人見面的機會，然而，大部分平凡上班族一天的生活模式為「起床－上班－就寢」。

我們的一天就像電影結構般大致上區分成三類，以睡覺、工作、個人私事填滿一天的時間。個人私事包括吃飯、上下班通勤時間、看電視、和朋友見面、與父母打電話等雜事，這種生活模式的上班族一天的生活如下：

一天 24小時	=	就寢 8小時	工作 8小時	個人私事 8小時

偶爾會聽到人說：「一生都在工作中，結束生命。」這類型的人大致上是過著像「預告片、本片、片尾」般的生活。將生活重心擺在工作上，幾乎不做工作以外的事情，以工作為核心的生活，當然只會在工作過程中死亡。

每個人工作的理由不同，大多數的人是為了賺錢，但有人像神職者般帶著宗教性使命感工作。一般上班族即使對工作全力以赴，也很難成為只佔公司員工百分之一的管理階層。

劇變的時代

若像倉鼠在轉輪上奔跑一般，只是很認真地爬轉輪，很快地就會精疲力盡。離開轉輪，站在外側觀察轉輪的運轉，並稍微動動腦筋，就可以找到許多使轉輪轉動的替代方案，例如利用電力、水力等。

仔細尋找的話，可以找到很多方法，若一直只待在轉輪裡，就會覺得轉輪是生活的全部，使思考受限。

隨著時間的流逝，時代在改變，新技術也隨之迅速發展。若想順應時代潮流的變化生存下去，就須跟上時代潮流。20世紀初期是第二次工業革命時代，只要大量製造產品，就一定能銷售得很好。這時讓自己像轉輪般一直努力工作是很重要的。市場上出現的產品種類一般只有一兩種，產品售價也大同小異。

然而，現在呢？五花八門、售價千差萬別的產品在市場上廣為流通。並不是製造出來就能銷售出去，只有擄獲顧客心的產品才能在市場上存活下來。為了瞭解顧客複雜的內心，企業們會蒐集大數據，來徹底分析，並善加運用。

並非像過去一般只做重複的工作，而是到了一個需要以科學的知識和眼光觀看世界之時代。現在已成為一個超越以電腦與網路為基礎的資訊社會，將大數據、人工智慧、物聯網等資訊技術相結合的時代。並非單純地依照操作手冊工作的時代，而是科學技術與人類思考相遇所結合成的時代。

單純的工作能被機器人所取代，反之，新工作機會也將隨之增加。依據2016年世界經濟論壇發表的「未來就業前景報告」，因第四次工業革命的掀起，將有710萬個工作機會消失，同時也將出現210萬個新工作機會，總共將減少500萬個工作機會。

依據2018年世界經濟論壇發表的「2018年未來就業前景報告」（the future of jobs 2018），在2002年以前將有7,500個萬工作機會消失，同時也將出現1.33億個工作機會。與2016年的預測相反，2018年預測將因第四次工業革命革命，多出5,800萬個新工作機會。

透過上述兩種相反的統計數據，我們得知未來的工作機會有可能隨時增加，也有可能隨時減少的事實。對我們而言，重要的不是數據，而是數據背後所蘊含的意義。過去人類負責的單純且重複性質高的職務已漸消失，取而代之的是因人工智慧、大數據、機器人、物聯網、區塊鏈等新技術所增加的工作機會。

例如，2018年1月無人超市「Amazon Go」在美國西雅圖正式掀開營業序幕。消費者在下載「Amazon Go」APP後，手上只要拿走商店裡的物品，該物品就會自動被放入APP的購物車裡，採購結束後，也無須到櫃台去結帳，只要腳一踏出商店，APP綁定的信用卡就會自動結帳。亞馬遜將無人駕駛的技術運用在 Just Walk Out （拿了就走）的技術上。

只負責結帳的店員職缺雖然消失，卻出現了研發適用在 Just Walk Out （拿了就走）技術的職缺。

不過引領第四次工業革命時代的專業技術人力仍然很缺乏，當新技術被開發出來，對新技術的理解力低時，發展速度也就隨之減緩。然而，隨著時間的流逝，對於技術的理解度逐漸提高，技術發展速度也急遽加快，只有跟上這種潮流變化的人才有機會生存下去。

《關鍵少數》（Hidden Figures）是讓人們了解到只有順應時代變化的人才能存活下去的電影。1962年冷戰時期，美國為了比蘇聯更早將人類送入宇宙，於是策劃了水星計劃。當時黑人女性備受歧視，受到不平等待遇，廁所也只能使用黑人專用廁所，辦公室裡也會另外準備黑人專用咖啡壺。

另一方面，黑人女性能力再怎強，也無法獲得終身職的工作。因此，過去大多數黑人女性只能擔任收銀員，然而，因美國國家航空暨太空總署（NASA）引進了IBM電腦，促使他們面臨被解僱的危機。這些女性為了生存而學習了電腦程式設計與製作穿孔卡片的方法。太空總署正好需要一批專門負責操作這批IBM電腦的職員，於是這些人就填補了這些職缺。

這些黑人女性若推測自己將遭到解僱，而換工作單位，之後，她們說不定也會因電腦的普及，面臨被解僱的危機。這些人不是以找其他工作來面對技術變化所引發的危機，而是跟上時代潮流，撥出時間學習新技術，才讓他們得以在職場上生存下去。

未來將面臨新變化的潮流。就像最近流行的零工經濟（Gig Economy），企業不再聘用終身職員工，而是隨時僱用有能力的人。這就好像爵士樂演奏，只在需要的時候聘請演奏者。

把時間投資在自己身上，透過學習提高能力的人才能生存下去的時代已來臨了。為了因應這種時代潮流的變化，須不斷學習，並自我開發。

現在不是將一天區分成「就寢、工作、個人私事」等三類，以「工作」為重心的時代。要在一天中再增加自我開發的時間，變成四類。從現在起我們的生活不再是由「預告

片－本片－片尾」等結構構成的單純電影，而

（短劇）組合成的電影。

上下班通勤時間2個小時，用餐3個小時（1個小時X3），就已經用掉了5個小時。早上只要提早一兩個小時起床，並且從上下班通勤時間中爭取時間，即可空出3～4個小時用在自我開發上。

從現在起不要再用每週三類（3～4個小時）各花掉56個小時的356策略，須改成每週四類（就寢－工作－個人私事－自我開發）各花掉42個小時的442策略。

356策略

單位：時間

區分	Day	Week
就寢	8	56
工作	8	56
個人私事	8	56
合計	24	168

442策略

單位：時間

區分	Day	Week
就寢	6	42
工作	6	42
個人私事	6	42
自我開發	6	42
合計	24	168

即每週四類各使用42個小時。以工作、就寢、個人私事（用餐、育兒等）、自我開發（運動、上課、讀書等）等四類，各花掉6個小時為目標。當然以一天為單位，會有很難達到目標的情況，這時就須在周末補足時間不夠的部分。

個人感到最困難的部分是在一週中撥出42個小時在自我開發上，平日想要補足不夠的時間時，週末須清晨4點半起床，另外創造出4～5個小時我個人專屬的時間。

時間管理上最重要的是增加自我開發的比例，培養自己的能力。若以週為單位進行時間記錄時，可以一目了然地知道自己所用掉的時間，不會浪費掉時間。藉由記錄下自己珍貴的時間，可讓自己生活過得更加積極。

j的人不知道從何處開始做起，這類型的人大多屬於生活毫無目標的人。人生若無目標，就會不知道自己該往何處？該做何事？

尤其社會菜鳥有很多這樣的實例。因為他們從未自己設定過目標，而是按照他人計劃好的時間表過生活。因為不知道要做什麼，來到職場上也不知道該做什麼，常常得請教別人。比起自己找事情做，更想要按照別人吩咐的事情行事。結果，自己人生的主導權不是由自己掌握，而是按照他人的吩咐過生活。

沒有目標的生活將成為空殼子，請認真地想一想如果我一個月後將離開人世，我要做什麼呢？就會覺悟到趕快為自己量身訂做時間管理，那要從何事開始先著手呢？

442策略的四種項目

① 工作

上班族一天的工作是8個小時，每週40個小時。即使為了完成42個小時，平日多做2個小時的工作也不會造成問題。然而，沒有一個人會連1秒鐘都不休息，竭盡8個小時的精力在職場上。

2012年安永（Ernst & Young）這間行銷公司以3,000名上班族為對象進行問卷調查，依據調查結果顯示，上班族一天工作8.5個小時，約花費2小時30分鐘在不必要或無效率的職務上，約花1小時間30分鐘的時間在講私人電話或使用社交網路。實際上，上班時間用在處理個人私事的時間約4小時24分鐘，佔上班時間的50%以上。

若企業的執行長知道這些事實，將會感到十分驚訝。他們是以8個小時為基準給付員工薪資的，實際上只工作4個小時，卻獲得每天8個小時的薪資，就執行長的立場，將會覺得很懊惱。

在公司裡實際的工作時間為8個小時，然而，員工並沒有在上班時間全力以赴。會出現很多的情況，有時須等待主管批示文件，有時也會被叫去參加不想參加的會議，開1個小時的會議。有時下班後又要與上司一起參與不想參加的聚餐，於是延長了上班時間。為了不必要的報告而撰寫不必要的報告書，有時也會登入社群網站，看看一些資訊。

結果雖然上了8個小時的班，實際上上班時間只有4個小時，也可以善加利用其他4個小時來自我開發。參加不必要的會議所浪費掉的時間、無法婉拒同事的請託又浪費掉一些時間、等待向上司報告時所浪費的時間、隨時確認電子信箱所浪費掉的時間等，只要減少這些時間的浪費，即可增加用在自我開發的時間。

② 個人私事

金夏木先生一早睜開眼睛做的第一件事情，就是滑手機，確認一下時間，回想一下昨天晚上發生了什麼事情，再看一下新聞，登入社群網站，觀賞一下自己訂閱的YouTube影片。原本只想看一下，卻在毫不自覺中花了30分鐘，才準備梳洗上班，不知不覺就花掉了1個小時才出門。

大家的早上應該都是這樣過的吧！若仔細回想一下，早上一起床就因不必要的事情浪費半小時，有的人甚至更久。但每天一直嚷嚷著時間不夠用，卻對於醒來之後滑手機浪費的時間，一點都不覺得可惜。

個人私事是指起床後吃飯、盥洗、穿衣服、上下班通勤時間、下班後的晚餐時間、看電視、在滑手機時睡著等。也包括下班後與朋友們見面，與戀人約會等。

李直先生與上司聚餐的時候，覺得度日如年。然而，與女朋友約會時，卻覺得像光速般瞬間流逝。每次與女朋友一起享用晚餐、喝咖啡，都會捨不得分開。

送女朋友回家後，在回家的路途上又與女朋友通電話。沒多久之前才見面、聊天，想說的話還是那麼多。回家後先洗澡，睡覺前又與女朋友通電話，然後才上床睡覺。

像李直先生一般做自己喜歡做的事，會覺得時間過得很快。就客觀性的時間而言，1分鐘或1秒鐘的速度不論在何時都是固定的。就主觀性的時間而言，做自己喜歡的或有意義的事情，會覺得時間過得很快。

為了徹底活用個人時間，需要有像與女朋友約會一樣的明確目標。為了不浪費時間，須設定目標，擬定時間計劃表。不是任由時間的流逝，而是將時間投注在自己想要的目標上，才是最有效利用時間的方法。可以將部份用在個人私事的時間，轉換成自我開發的時間。

③ 自我開發

自我開發包括知性開發及體能開發。閱讀或學習都屬於知性開發，游泳或上健身房運動則屬於體能開發。

知識是透過持續不間斷地努力學習後儲存在大腦裡，需要的時候再取出來使用。健康也一樣，平日所鍛鍊出來的肌肉，在年華逐漸老去時，再一點一滴地取出來使用。

一天花30分鐘在書籍上的人，與完全不讀書的人在十年後比較看看，會看到明顯的差異。持續性的閱讀，就是在我們的頭腦在鍛鍊肌肉、訓練思考能力。

湯姆・柯利（Tom Corley）的《富習慣》（Rich Habits）一書中，將富有階層與低所得階層之行為模式做了比較。對於「喜歡閱讀嗎？」的問題，回答：「是的。」的富有階層約佔86%，低所得階層約只佔26%。另一方面，關於「一天電視看不到一個小時嗎？」的問題，回答：「是的。」的富有階層約有67%，低所得階層約只佔23%。

換句話説，富有階層的人願意花更多的時間在閱讀上，反之，低所得階層願意花更多的時間在看電視上。閱讀可以讓我們做深度思考、強化腦部。反之，看電視是使我們的腦部變懶散的被動性活動。對於「會將每天要做的事情排列成清單嗎？」的問題，回答：「是的。」的富有階層約佔81%，低所得階層約只佔9%。

結論是富有階層花很多時間在四類中的自我開發，反之，低所得階層則花更多的時間在個人私事上。

一天花6個小時在自我開發上很困難嗎？若早上空出3個小時，白天空出1.5個小時，下班後空出1.5個小時，那麼就可以做到。早上4點半起床後，在自己身上花約3個小時的時間即可。而且上班後，沒有必要時就不要滑手機，也不要登入社群網站，努力拼湊出瑣碎的時間。

活用浪費掉的瑣碎時間，或將瑣碎時間集合成時間塊時，白天也不難找出1.5個小時，並可以完全用在自己身上。晚上就能在睡覺前花1.5個小時在閱讀書籍或是運動等等。

某天有可能因某件事情，而無法做到這個時間使用原則。那麼就活用週末的時間吧！週末比平日更能自由地使用時間。

金正先生為了有效利用週末時間，將一天分成四等分。上午1（5～10點），上午2（10～12點），下午1（2～5點），下午2（6～10點）。週末時孩子們大都是在9～10點起床。因此，上午10點之前金正先生可以擁有屬於自己的自由時間，只要善加利用這段時間即可。

週末清晨5點起床，去到大樓內的讀書室，那段時間讀書室裡幾乎沒有什麼人，可以帶著輕鬆的心情使用，精神還可以很集中。到了10點，回到家與孩子們玩，下午只要按照安排好的行程執行即可。

如果早上發生要提早到某個地方的情況時，有可能縮短早上學習的時間。即便如此，那麼週末上午和小朋友一起度過美好時光後，下午2（6～10點）再繼續學習。一整天跟孩子們玩雖然很重要，不過讓孩子們看到我學習的樣子，他們也會跟著我一起學習，就能成為他們的楷模。

④ 就寢

2018年我的平均就寢時間為7個小時15分鐘。我的睡眠時間仍然很長，很難只睡6個小時。然而現在我養成了晚上10點左右就寢，早上4點半至5點之間起床的習慣。就能將早上的2～3個小時完全花在自己身上，可以閱讀書籍或運動。早上的時間不會有人妨礙，適合作為自我開發的時間。

好的睡眠品質十分重要。一般的睡眠類型分成REM睡眠和Non-REM睡眠。REN是「Rapid Eye Movement Sleep」的縮略語，是我們雖然在睡覺，眼睛仍快速轉動。這時我們的身體還未深度睡眠。反之，Non-REM是「non Rapid Eye Movement Sleep」的縮略語，即指處於眼球不轉動的深度睡眠階段，我們身體處於睡覺狀態。

為了睡好覺，須將睡眠視為很神聖的事情。孩子們一般在睡覺前會哭鬧，這是拒絕睡覺的意思。某位牧師曾對我說：「可以將晚上的睡覺與早上的甦醒視為是我們在做死後復活的練習。孩子們知道自己會死後復活，所以會因害怕而哭泣。」不論這句話的真偽，睡覺是我們生活的一部分，須重視。

最近睡覺前有很多人習慣看智慧型手機，智慧型手機散發出來的藍光為波長380～450nm的可見光，就像是從太陽光散發出來的光線，會促使我們身體分泌血清素（serotonin），讓我們的身體誤以為是白天，因而抑制睡眠。

也要避免在睡覺兩個小時前吃宵夜，不然我們身體會開始進行消化，讓我們無法睡著。

最後睡眠時，須讓我們的身體維持溫暖，睡眠與溫度有著密切的關係，睡前用溫水盥洗，有助於深度睡眠。

最近也可以利用智慧型手機評估自己的睡眠品質，一個月只要支付2～3萬韓元，就可以得知就寢與起床的時間、深度睡眠與淺眠的時間、睡眠的規律等狀況。

就寢時間只佔442法則中的四分之一時間，睡覺睡得好，就是可以做好時間管理的祕訣。

伊隆．馬斯克：
活用時間箱子的防禦型時間管理

今天早上7點一到，馬斯克也跟往常一樣在床上睜開眼睛。「多睡一點」、「只要再多睡5分鐘」等誘惑在影響他的想法之前，他就先起床了。這時雖然他想喝杯咖啡、吃個歐姆蛋，不過也會稍微考慮一下「早餐要吃什麼？」因為時間不夠用的關係，今天早上也要全力以赴，於是馬上衝進浴室盥洗。

從蓮蓬頭噴出來的水滴在他的頭上，將過去一個晚上的煩惱徹底洗淨。淋到水之後，想起了今日預定要做的事情。想著遇到什麼人要做什麼事、要說什麼話，試著模擬今日一天的生活。

馬斯克滿腦子想的都是火星。若想讓人類在2025年之前住在火星，要做的事情多到不勝枚舉。為了完成這個目標，他一週須工作80～100個小時。他同時經營著製造可重複使用運載火箭的SpaceX、製造電動車的特斯拉公司、製造太陽能的SolarCity公司等三間公司。乍看之下，這三間公司的產業類別似乎是毫無關聯性。

那他為什麼一定要同時經營三間公司呢？是因為他的能力高超嗎？還是錢太多？若這些理由都不是，那還是沒找到適合負責經營這些企業的人呢？仔細分析這些公司後，就可以了解其中的理由。

首先，為了將人類載到太空中，就需要太空船，而研發太空船的公司就是SpaceX。現在要將人載到火星的費用是每個人10兆韓元，然而，若運用可重複使用的運載火箭，即可以將經費縮減至1億韓元。那麼就能以更便宜的價格將更多的人運送到火星。現在去到火星所需的時間約80天，馬斯克以縮短到30天為目標。

將人類載到火星的事情似乎看起來有些進展了。接著，為了讓人類能住在宇宙，就需要有能源。還要建造房屋，房屋裡還要有暖房，也還要有車子。然而，火星上沒有汽油，要將沉重的汽油從地球運送到火星所需的費用過高，須找到人類在火星自力更生的方法。

馬斯克從太陽光中找到解決能源問題的方法。即將太陽光轉換成能源，成為汽車的能源供給源。

所有的想法和結果物是從馬斯克的挑戰意識中產生出來的，為了達成目標的時間管理也須一一實踐。馬斯克每天以5分鐘為單位規劃時間計劃表，他的時間管理目標是撥出最多的時間在工作上。

馬斯克的時間管理核心是擬定計劃表，不進行計劃表以外的行為，如工作時間不確認電子郵件或回信，不打電話。盡可能集中所有精神在工作上，不受到任何干擾。

甚至於他盡可能節省用餐時間。就如同前文所述，他不吃早餐，或在開會時解決午餐，或是只在5分鐘內解決。與其用攝取食物來形容馬斯克用餐的樣子，不如以一掃而光的用法更為貼切。他這麼努力節省時間，只是為了想將時間花在工作上。

晚上用餐時間他就會讓自己比較放鬆。事實上，他也是人，也有特別喜歡的食物，如零卡可樂，一天要喝掉8罐左右。為了健康，一週也會上健身房運動一兩次，還會利用空檔閱讀書籍。

生活再怎麼忙碌，也須取得平衡。馬斯克是三間公司的老闆、五個小孩（雙胞胎和三胞胎）的爸爸，利用空檔閱讀書籍、做運動，每週還要消化將近100個小時的工作時間，總歸一句話，他是世界上最忙碌的男人。

馬斯克之所以能消化令人窒息的行程，就在於越是忙碌，越認真做好時間管理。「以5分鐘為單位」的時間管理，成為促使他朝著目標前進的原動力。

攻擊型vs防禦型的時間管理

比爾蓋茲與馬斯克的共同點，就是以5分鐘為單位管控時間。世界上最忙碌的兩個人，把時間視為是最珍貴的資產，即使是1分1秒也都要完全投注在自己所設定的目標上。然而，不禁令人懷疑，「這樣忙碌的人也可以嚴謹地擬定時間計劃嗎」？

時間就像水一樣，只要出現一點縫隙，就會流失掉。當所流失的時間與日俱增時，最後會大到無法挽回的地步。

就好像出現裂痕的玻璃窗一般，剛開始是一個小小的裂痕，之後才會破裂。因此，在時間產生縫隙之前，妥善管理是十分重要的。

比爾蓋茲與馬斯克都以嚴謹的5分鐘為單位管理行程表。比爾蓋茲的時間管理方法是攻擊型的，馬斯克則是防禦型。

比爾蓋茲大部分的時間都花在經營管理微軟上，與各式各樣的人會面、接受業務報告、批示公文、建構未來等，一天要處理的事情堆積如山。

反之，馬斯克則投資在技術領域、設計上的時間比經營管理多，大部分的時間是花在與工程師會面、找出問題點、解決問題等。其日程表規劃是以解決干擾要素為主，而非以要做的事情為主。下午2～4點若規劃為電動車引擎設計的時間時，在這段時間內一律不接電話，只集中火力在這上面，並在規劃的期限內完成。

人們做事情若沒有截止期限，就會變得懶散。因此，截止期限英語稱為「dead line」。

1860年以前「dead line」的意義較現在更為殘暴。美國南北戰爭時期「dead line」主要是軍隊或監獄裡使用的語言，監獄裡的俘虜常逃獄，所以畫了一條線，若越過了那條線，就開始進行射殺，從那時起稱那條線稱為「死線」。

1983年美國報紙開始使用這個用語。報紙為了印刷隔日發行的報紙，必須在當天下午4點前截稿。傳達即時資訊的報社記者若在截止期限後繳稿，就會成為毫無用處的死亡記事。所以從這個時候起，「dead line」開始作為截稿時間的意思，若越過這條線，就成了須迎接死亡的標準。

上班族當中偶爾會有人開玩笑地說：「今日事，明日做；明日事，後天做。」反正只要把它做完即可，有必要為了遵守截稿日期，而承受那麼大的壓力嗎？因此，有智慧的上司對部屬下達命令時，會具體說明工作目的與背景、進行的方向與方法、截止日期等。

尤其沒有截止期限的事情經常會被拖延。有智慧的上司絕對不會忘記自己所指示的內容。部屬心想不知道什麼時候要報告，只好不斷等待。也許下屬會以沒有規定截止期限為藉口，而始終不開始動手做。

因為截止期限快到了才開始行動的「學生症候群」關係，即使給予充裕的時間，也沒有員工會很早就開始動手做事情的。所以有智慧的上司在指示有難度的工作時，一般只會給三天左右的時間。因為給一個星期或給三天的期限，所做出來的成果並不會有太大的差異。

馬斯克的防禦型時間管理優點是，可以將精神完全集中在所計劃的事情上。因為訂定了自己的截止期限，所以事情不會往後拖延。截止期限會讓員工自我要求，給自己壓力，這是正面的壓力。

正面的壓力英文稱為「Eustress」。即使一時之間很難承受正面壓力，若慢慢地面對，在未來就會成為獲得正面結果的刺激劑。反之，負面壓力distress，是會隨著時間的流逝，對我們的身體造成負面影響。

1946年加拿大蒙特婁大學（University of Montreal）的某位內分泌學者以老鼠為實驗對象，進行了關於死亡的研究，發現壓力是導致死亡的重要因素。那麼有什麼方法可以減少負面壓力，增加正面壓力嗎？

時間箱子（Time box）

為了增加正面壓力，馬斯克所使用的方法就是時間箱子（Time box）。時間箱子是將日程表畫在時間箱子上，在所訂定的期間內只做某種特定活動，這是使用在管理企劃案的技術。將日程區分稱幾個區塊，每個區塊給予截止日期，每個區塊上有產品、截止日期、經費預算等。

企劃案管理一般是由時間、經費、範圍所構成，這三者互為影響。時間減少時，企劃案的範圍就須縮小，若企劃案的範圍增加，就須投入更多的經費與人力。若時間拖得越久，就須支付更多的費用，降低企劃案的品質。

使用時間技法時，若以截止日期作為固定變數，就很難更改行程。若在截止期限前不可能完成企劃案，就須在一開始縮小企劃的範圍。企劃案負責人訂定企劃案優先順序時，要從最重要的事情開始做起，並逐一完成。

日常生活也一樣。製作好時間箱子後，為了在有限的時間內完成事情，就須全力以赴。重複做的事情一般都可以預估需要消耗多少時間，所以時間箱子的優點，在於可以在自己所訂定的期限內完成該事情。

也可以有效應付那些輕忽他人時間，並對他人做出任意要求的人。這可以成為拒絕他人隨意叫你做事的藉口，可以告訴對方我幾點以前有什麼計劃要完成，在那之後我才能幫忙你。

若自己是一個完美主義者，時間箱子可以給予很大助力。若為了得到100分而追求完美，就必須比得到90分投資5～10倍的時間。人生不是考試，所以考90分或考100分沒有很重要，重要的是事情有沒有完成。若能以100分完成事情最好，然而，即使沒有100分，只要所設計的日程在平均水準以上，就可以品嘗到成功的碩果。

我們也試著像馬斯克一樣把一天區分成幾個時段，並存放在時間箱子上面。試著將為了完成計劃所需的時間、經費、範圍配置在箱子上。在有限的資源裡，投注最大的精力去完成事情，事後就成果分析此方法是否有成效。每天做很多時間箱子，當箱子上的事情完成時，就進行堆疊，可以增加視覺性的成就感。

若很難製作時間箱子，那讓我們來先了解一下列費雪夫（1890~1972）的故事。

有「時間征服者」之稱的列費雪夫，將自己56年當中所使用的時間都記錄下來。他是一位傳奇人物，一生當中曾撰寫過70本學術著作、12,500頁論文和研究資料。他雖然擁有生物學家、昆蟲學家、哲學家、歷史學家等多種頭銜，但筆者想稱他為將所有才能都消磨殆盡之後才離開人世的人。

1890年出生於俄羅斯聖彼得堡的列費雪夫，是20世紀俄羅斯科學家。他深入研究各類學科，不僅昆蟲分類學，就連科學史、農業學、遺傳學、植物學、哲學、分散分析等，皆有涉略。

他似乎與平凡的我們有著遙遠的距離，事實上他是一個一天須睡10個小時以上的嗜睡者，這樣的他之所以能留下與眾不同的成就，就歸功於時間管理。

他從1916年26歲開始進行時間管理，至1972年離開人世之前，他從未有任何一天休息過，把56年所使用過的時間皆記錄下來。甚至於10月革命（又稱為布爾什維克革命）發生時，兒子遭逢死亡噩耗，他仍然像平日一樣將時間記錄下來。

每個月會花1.5個小時至3個小時的時間來分析實踐結果，每個月花1個小時以上的時間擬定時間計劃。年底時會花17～20個小時統計一年所使用的時間。

他為什麼56年來能始終如一，一天也從未間斷過地進行如此重複的作業呢？難道是自己只要生活不忙碌，就會感到不安嗎？

環顧我們的周圍，每個人都過得很忙碌。甚至於要與隔壁座位的同事共進晚餐，也須事先約好時間。即便如此，不管再怎麼忙碌，很少人會將時間記錄下來，並進行管理。因為覺得記錄時間很麻煩，是不必要的事情。然而，列費雪夫從很早以前就領悟到，越忙碌的時候，越須做時間記錄並進行管理，才能從時間中獲得自由，所以直到離開人世之前他始終如一。

科學技術的發展縮短了時間距離，過去親手寫的信件寄出去後，要一個星期才能到達目的地，現在能以電話或文字即時向想要聯絡的人進行聯絡。

過去是為了買飲料，而要到超市，現在只要在販賣機裡就可以輕鬆購買到想要的飲料。現在比較不會為了購買物品上市場去，而是會先上網查詢一下物品的種類與價格。技術的發展促使人類生活變得更加便利，然而，人們仍然感到時間不夠用。這是因為不記錄時間、不管理時間的關係。

不論是列費雪夫所生活的時代還是現在，時間都未曾改變過，每天都給每個人24個小時。不論是西元前，還是今天或是一百年後的未來，只要地球不滅亡，一天都是24個小時。即使生活在西元前的學者塞內加（Lucius Annaeus Seneca），也會談論到時間管理的重要性。

列費雪夫認為人生中最珍貴的是時間。隨著年紀的增長，未來生活的時間也隨之減少。反之，隨著經驗與知識的累積，時間價值也隨之提高。

時間是用錢買不到的，也沒有人能讓它靜止不動。因此，時間是構成我們生活的核心要素。如何管理時間，就成為生活的重心及創造燦爛未來的鑰匙。

為了善加管理時間，可以像比爾蓋茲一樣擬定以5分鐘為單位的攻擊型計劃，也可以像馬斯克一般使用防禦型的時間箱子技法。不論選擇了哪一種方法，都須像列費雪夫一樣將時間記錄下來，以此作為時間管理的基礎。做記錄可以讓自己知道時間用在哪些地方、怎麼用，並找出改善點。

被譽為管理學之父的彼得・費迪南・杜拉克（德語：Peter Ferdinand Drucker）也認為，一切事情的出發點即是時間管理，時間管理的核心就如同他在自己的著作《自我管理筆記本》中所說的「瞭解自己的時間（Know thy time）」一樣。

杜拉克從觀察並分析成功的企業與企業家中領悟到這一點，成功的企業家並非從工作開始出發的，而是從時間。單純地擬定計劃並非事情的起點，實際上，要從掌握須花多少時間開始。並在可以獲得直接成果的事情上投入時間並進行管理，而不在無法獲得成果的事情上浪費時間。

不管哪一間公司裡都有將困難的事情一一克服的員工，在美國稱這類的人為造雨人（Rainmaker）。造雨人是美國印地安人過去使用的語言，是指在乾旱來臨時能使天降甘霖的人。

在貿易世界裡也一樣。不論是面對多麼困難的環境，仍然會有創造出佳績的銷售員，也會有善於處理上司指示的優秀人才。

在公司裡想成為造雨人該怎麼做呢？是要比他人晚下班嗎？還是要定期地與組長一起喝酒嗎？要不然，努力學習，比他人讀更多的書籍嗎？

為了成為造雨人，最重要的是需要有可以達成目標的實踐力。環顧周遭時，常常看到把「該工作了！該工作了！」掛嘴邊，卻不斷把工作往後拖延的人。上司討厭把工作交給這類的人，即使交代了，也知道他們很難達到所期待的目標。

反之，也有把交代的工作做到比預期成果好的員工。不管上司交代他們什麼事情，都能一如往常，把事情做得很完美，但他們也常常被事情給綑綁住。若仔細觀察這些人時，可以知道達成目標是他們的習慣之一。因此，從社會菜鳥開始養成正確的習慣是十分重要的。

若養成這些習慣後，首先應將正確的時間觀念銘記於心，要知道我的時間要如何用在哪些地方？回顧一下自己的時間是否用在可以創造出直接成果的工作上，還是做些不一定要自己做的事情上，虛度光陰。

正確時間觀念的重要性可以從哈佛大學博士艾德華・班菲爾德（Edward Banfield）所撰寫的《重訪世俗之城》（The Unheavenly City Revisited）中找到答案。本書對於美國現代城市問題有廣泛的瞭解，部分內容是在分析財富上的成功與社會階層之間的關聯性。

他挑選出個人人格特質、智商、教育水準、種族、職業、成長的家庭及環境等，幾個可能影響現代社會中獲得財富、增加資產的因素，並研究這些因素與財富增加的相互關係或因果關係。研究結果顯示，這些因素與財富增加沒有任何關連性，卻意外發現時間觀念（Time Perspective）才是重要因素。因此，隨時確認自己的時間是否用在正確的地方是很重要的。

此外，這個章裡還分析了以5分鐘為單位管理時間的比爾蓋茲與馬斯克。

綜上所述，對這兩個人而言，最珍貴的事物就是時間，為了不浪費任何一分一秒，而徹底執行時間管理。

每個小時賺進5億韓元的比爾蓋茲，任誰看都是世界上最忙碌的人，比喜歡抱怨時間不夠用的人更用心管控時間。反之，每個小時賺進2萬韓元的韓國上班族嘴邊常說很忙，卻從未正視虛度光陰的問題。只有認為時間很重要的人，才會覺得它很有價值。對豬而言，不論是鑽石或珍珠，都無法瞭解其價值。然而，當豬領悟到鑽石是非常珍貴的瞬間，才能有機會邁向成功的生活。

為了領悟到時間的珍貴價值，須經過三階段步驟，稱為3P策略。第一步驟，知道自己使用多少時間在哪裡？

（Perceive your time），第二，擬定時間計劃（Plan your time），第三，實踐並評估自己的時間（Practice Your Time）。以這三個簡單方法為基礎，將自己的時間分成四個項目（工作、就寢、個人私事、自我開發），來實踐442法則。列費雪夫、彼得·費迪南·杜拉克、班菲爾德博士等都是時間管理的成功典範，始終如一地認為時間管理是十分重要的。

若覺得時間管理是陳腔濫調，眾所周知的課題，就左耳進、右耳出，這是不對的。就讓我們一起試試看過著時間管理的生活。再次回顧我的生活是否曾經犯過珍珠掉落在眼前卻不知其價值的錯誤。

1. 試著記錄時間。試著找出自己想像的與實際使用的時間差異性。
2. 試著運用以30分鐘為單位的時間表。
3. 越忙碌，越須嚴謹地管理日程。世界上最忙碌的比爾蓋茲是以5分鐘為單位管理時間的。
4. 3P策略
   1)認識自己的時間（Perceive your time）。
   2)擬定自己的時間計劃（Plan your time）。
   3)實踐自己的時間並進行評估（Practice Your Time）。
5. 隨著時代的變化，請試著運用將時間分成四類（就寢、工作、個人私事、自我開發）的442法則。
6. 製作時間箱子，事先阻隔干擾要素。

第五章

第四階段：瑣碎時間活用方法

一天30分鐘，製造出空檔時間

瑣碎時間在辭典上的定義是指「在每天必做事情之間所剩餘的短暫時間」。對於瑣碎時間的計算方法沒有絕對的標準，一般以20分鐘內的短暫時間作為瑣碎時間。瑣碎時間區分成依時間分類或依行動分類。不管做什麼樣的行動，只要沒有任何動作的短暫時間，都可以稱之「瑣碎時間」。

到公司需要1小時通勤時間的上班族，也可以利用這段瑣碎時間來學習。在為了達成上班這個目的的同時，在通勤路上仍有餘力做其他事情。與時間長短無關，只要是可以做事情的空檔時間，都可以稱之瑣碎時間。

動分類法無關，瑣碎時間的核心在於不管我
瑣碎時間皆會流逝」。重要的是任憑瑣碎時間
逝，還是在瑣碎時間內做與眾不同的事，這個
位。

首先，試著確認一天當中到底有多少瑣碎時間可以活用，上班族的瑣碎時間大致上都一樣。一般是在上班通勤時間、開始工作之前的時間、午餐時間、休息時間、會議時間、下班時間、就寢前的時間等。

我們試著將這些時間整理成下表：

上班族的瑣碎時間

區分	瑣碎時間	備註
上班通勤時間	5~60分鐘	
開始工作之前的時間	5~30分鐘	
午餐時間	5~60分鐘	
休息時間	5~30分鐘	
會議時間	5~30分鐘	
下班通勤時間	5~60分鐘	
就寢前的時間	5~30分鐘	
總計	35分鐘~5個小時	

如同上頁的統計，一天可以使用的瑣碎時間約在35分鐘至5個小時之間。若給予5個小時的時間塊，可以做的事情非常多，很可惜的是這些時間分散在等待開會的時間10分鐘、工作時的短暫休息10分鐘、午餐用餐後20分鐘、下午工作時零星的休息時間5分鐘等。所以大部份的人任憑這些瑣碎時間就這樣流逝，或是用來滑手機上個網，也完全沒感覺。然而，瑣碎時間的流逝，並不僅僅是時間的消逝。

若想活用瑣碎時間，該怎麼做呢？答案十分簡單，要有目標意識，才會珍惜浪費掉的時間。

例如，今年設定「閱讀100本書籍」的目標，那麼一個月至少須閱讀兩本。雖然另外撥空閱讀書籍更好，然而，上班族的生活幾乎很難撥出多餘的時間。

這時候該怎麼辦呢？最佳的方法就是「隨身攜帶書籍」。最近我們隨身攜帶智慧型手機，只要一有空就會忙著滑手機，即使覺得很沒有意義，但仍會忍不住將手機打開。

韓國自2007年起智慧型手機已漸普及，至今已經過了13個年頭了，智慧型手機使用數已高達5,068萬。

這個數據與韓國統計廳所公布的，2019年韓國預估人口數5,181萬人十分接近。換句話說，在韓國每個人都擁有1支手機，可以用手機輕鬆地檢索資料，也可以輕鬆地在任何時刻與世界上任何一個人聯絡，所以在這上面耗掉了很多時間。

也可以透過智慧型手機來進行娛樂、閱讀書籍、學習新知等活動。

因為可以輕鬆取得即時的資訊，就覺得不太需要認真記憶或思考。再加上影片比書籍更有趣，因此活用瑣碎時間的最大敵人就是智慧型手機。想要活用瑣碎時間時，智慧型手機的存在就像是不知不覺吃掉時間的河馬。

對抗智慧型手機，捍衛自己瑣碎時間的最佳方法，就是每天隨手拿著一本書。以前每當無聊時就會滑一下手機，如果隨身帶著一本書，就可以打開書本來閱讀。每天訂好當天要閱讀的頁數，只要隨身都帶著書籍，就可以充分利用瑣碎時間。

比爾蓋茲的瑣碎時間活用方法

1990年7月某一天，比爾蓋茲結束一天的工作，晚上11點回到位於勞雷爾赫斯特（Laurelhurst）的家中，應該要馬上倒臥在床上的疲憊身軀，卻走向書房。他最近比起科學類書籍，更喜歡閱讀歷史或傳記類。

每天晚上約看1個小時左右的書籍是比爾蓋茲一直以來的習慣。看書的時間並不會讓他感到疲倦，而是屬於他的充電時間。就如同透過插電將手機充電，比爾蓋茲是從書中獲得的知識來為自己的生活充電。

比爾蓋茲努力維持7個小時的睡眠時間，這有助於創意性的思考。他常因書籍內容太有趣了，而廢寢忘食。

內心很想熬夜讀完，但這會成為隔天的精神不濟，帶著充血的紅眼睛上班，當然不會對他的工作能力造成太大的負面影響。不過為了創意性的思考，須睡滿7個小時左右。睡眠不足不至於影響演講或日常生活，但會對創意性的思考造成負面影響，所以比爾蓋茲努力遵守一天只閱讀一個小時的習慣。

比爾蓋茲不是白天活用瑣碎時間閱讀的類型，反而是將瑣碎時間組合在一起，盡可能快速地完成工作，另外創造出時間塊。因為對他而言，瑣碎的5～10分鐘，很難讓他集中精神閱讀，反而適合看簡單的新聞或YouTube影片，但並不適合閱讀。

他也偶爾會閱讀雜誌，主要閱讀英國發行的《經濟學人》（The Economist）。當然10分鐘也可以看好幾頁的書，若這樣看書，常常會遺漏掉重要部分，降低閱讀成效，所以比爾蓋茲是將瑣碎時間聚集成時間塊來利用。

60歲中旬的比爾蓋茲仍然每天晚上閱讀1個小時。一天1個小時，一年就365個小時，至少可以閱讀50本書。比爾蓋茲以閱讀紀實文學為主，書本厚度大約500頁左右。一年訂兩個星期的時間作為「思考週（Think Week）」，與外界隔絕，只閱讀書籍，以補足平日不足的閱讀量。

比爾蓋茲自2010年起在自己的部落格「www.gatesnote.com」開設了一個書評專欄。將自己每年閱讀的書籍寫下書評，並推薦給讀者。2018年總共推薦了5本。哈拉瑞（Yuval Noah Harari）的《21世紀的21堂課》（21 lessons for the 21st century）、塔拉．韋斯托弗（Tara Westover）的《教育》（Educated）、保羅．沙雷（Paul Scharre）《無人軍團》（Army of None）、約翰．凱瑞魯（John Carreyrou）的《惡血》（Bad Blood）、安迪．普迪科姆（Andy Puddicombe）《冥想與正念入門指南》（The Headspace Guide to Meditation and Mindfulness）等。

2017年比爾蓋茲在接受美國數位媒體《Quartz》採訪中，提到自己的閱讀方法，請試著分析一下比爾蓋茲的四種閱讀法則。

第一，在空白處做筆記。

比爾蓋茲以閱讀紀實文學為主，閱讀時須集中精神。閱讀書籍時，會確認是否將新知識與舊知識銜接起來。在空白處寫下自己的想法很重要，透過做筆記，可以知道自己在閱讀過程中所萌生的想法。

無法同意作者的主張時，閱讀書籍的速度就會變得特別慢又費時，因為空白處上寫了很多內容。若是如此，比爾蓋茲就會對著書本説拜託請告訴我我能認同的內容，這樣才可以把書籍閱讀完。

第二，無法讀完的書，就不要開始閱讀。

《無盡的玩笑》（Infinite Jest）是一本紀實文學類的書籍，比爾蓋茲正在考慮著要不要閱讀這本書。因為當時他正興致勃勃地觀賞《寂寞公路》（The End of the Tour）這部電影，若本書只有200～300頁，他就不會猶豫不決。一看完電影，就馬上看這本書，但書的厚度比想像中還厚，內容又很複雜。不想有看不完的紀錄，於是就決定放棄閱讀本書籍，有始有終是比爾蓋茲的原則。

第三，比起電子書，更喜愛紙本書。

説不定未來電子書將取代紙本書，比爾蓋茲晚上喜歡閱讀紙本書或雜誌。更有趣的是，比爾蓋茲去旅行時，也會隨身攜帶一個又大又舊的背包，放入他想要閱讀的書籍。

第四，每天空出與其他事情完全隔絕的一個小時，作為閱讀時間。

只要靜坐在某個地方一個小時左右，就會想要閱讀一本自己覺得有趣的書籍。若不靜坐閱讀一個小時，精神就會變得很散漫，不斷問著「嗯，讀到哪裡了？」讀書不能以5或10分鐘為單位，所以比爾蓋茲每天集中精神閱讀1個小時以上。

創造出時間塊

比爾蓋茲將瑣碎時間聚集成時間塊，他要有1個小時的時間才能集中精神閱讀，想創造出時間塊，該怎麼做呢？

第一，須做時間記錄。

李廷好先生自從開始做時間記錄起，生活有了驚人的轉變。先記錄今日一定要完成的工作，思索其優先順序，再依照時間編排順序，並努力在已分配好的時間內完成所有的事情。那麼在職場裡就不會有閒聊、上網摸魚的時間。不舉行不必要的會議，也不會亂開玩笑，只會在規劃好的時間內完成工作。很慶幸的是，他現在已經能善加利用瑣碎的時間閱讀或寫文章了。

第二，每天一定要空出1個小時。

若每天可以空出1個小時，我的人生會有什麼改變嗎？若一天1個小時，一個星期就是7個小時，一個月就是30個小時，一年就是365個小時。閱讀1本300頁的書籍，約須3～4個小時，365個小時就可以閱讀100本書籍。

而且365個小時相當於15天，一年比別人多活15天的祕訣，就是每天節省1個小時。時間並不能像錢一樣可以儲蓄，時間會流逝，無法再找回來。所以想掌握流逝的時間，就是不能浪費時間，並且須善加利用。

將瑣碎時間活用在閱讀書籍、達成目標等具生產性的活動上，為了能在每天空出1個小時，先知道自己有多少瑣碎時間是十分重要的。

瑣碎時間之活用策略

瑣碎時間的出現每個人都知道，關於如何活用瑣碎時間，筆者提出了下列幾個方法：

活用午餐時間：偶爾單獨行動

韓國上班族的午餐一般以組為單位行動，這並非有重要案件或重要內容要討論，才一起用餐。在團體生活的組織文化裡，要集體行動才會心安，若不與其他組員一起用餐，似乎會覺得被孤立。

韓國人不管做什麼事，都要一起做，問題是與他人一起行動，用餐時還要等速度較慢的人，無形當中就浪費掉許多時間。

朴振弘部長盡可能把午餐時間作為私人活動時間，一個星期只與組員們一起享用午餐一次。其他四次，有兩次用在學習英語上。從12點開始，約25分鐘的時間學線上外籍教師英語課程。

上完課以後，才去公司餐廳裡用餐。到公司餐廳用餐，與其他組員一起聊天，聽聽他們的困難點，也可以藉機認識平日不太熟的人。用餐後，散步20分鐘左右，可以消除久坐的疲勞。

一個星期有兩次，一到午餐時就去健身房的跑步機上跑步，可以透過流汗洗盡因忙碌生活引起的疲憊感。跑步40分鐘左右，洗澡10分鐘，簡單地用餐或買點心回辦公室吃，再開始下午的工作。

一個星期至少與組員一起用餐一次。雖然一個星期一次，組員們一般也不會特別說什麼話，只是一起用餐。這樣生活一個月後，組員們也不再特別關心我其它時間在做什麼，那麼午餐時間就可以成為完全屬於我個人的時間。

活用會議時間

在職場上太常開不必要的會議，即使我不參加也無妨的會議，若不參加就會得到異樣的眼光。為了應付這樣的情況，筆者的祕訣就是把工作帶到會議室裡去做。

會議時間雖然是10點，但一般都不會準時開始。要等待故意遲到的人，那麼就會延後10分鐘才開始。即使準時開始，開頭也會話家常。這10分鐘、20分鐘是做簡單雜事的好時機。

有會議的那一天，就會故意不先登入電子信箱。去到會議室後，才打開筆記型電腦，處理電子郵件裡的業務。

也不需要寫很長的回信，對於回信過晚的電子郵件，雖然須用心寫得很長，若對於須立即回覆的信，只要針對請求事項進行回覆即可。重要的事情大部分是以公文形式進行，電子郵件大部分只做簡單的詢問或協助。

開會時間變長時，處理完電子郵件業務後，若還剩下一些時間，就可以進行簡單的文書工作，或處理一下不用太費心思或可輕鬆完成的業務。因為在會議過程中須隨時確認會議事項，也要針對可能隨時提出的問題做準備。若對於會議茫然無知，就會顯得無能，所以要特別小心。

若是本人主持的會議，情況就變得不一樣，以快速結束為目標。大部分的會議目的在於意見溝通，可以在會議前將議題寄給參與者，大家在會議前可以先做協調。

盡可能事先針對議題預設妥協點，進入到會議室後，再針對幾項事先提出的意見進行協調，那麼會議就會很快結束。會議前投資90%的時間，會議進行時間就只須花10%的時間。這麼做不僅可以縮短會議的進行時間，可能也會從上司那裡得到事情做得好的稱讚。

善加利用上班時間

自己一個人去出差時，搭乘大眾交通工具去比自己開車去更好，才可以在路途中做自己想要做的事情。若須兩個人同行時，也最好不要一開始就同行，先約在某個地點見面，在這之前就可以增加屬於個人的一小段時間，這十分重要。

尤其與上司同行去出差，很難擁有個人的時間。盡可能與上司分開坐，那就可以在旅途中，創造出個人時間。若都很難做到時，可主動與上司溝通，讓對方了解想分開坐的原因，以利於在乘車時創造出個人時間。

整理周圍環境

請環顧一下周圍同事們的書桌，將工作做得好與做得不好的同事做比較後，就會發現擅長處理工作的人，一般桌面也會整理得很整潔。

下班後看看他們的桌子，可以比較明確地知道他們處理業務的能力。下班後書桌上文書亂成一團，沒整理乾淨的人，大多具有做事情不果斷的人格特質。

不僅業務處理速度緩慢，昨天沒做完的業務會拖到今天，今天做不完又會拖到明天。

反之，下班後座位整潔的人，通常具有有始有終的性格。在事情進行過程中會不斷處理，避免往後拖延。昨日的事不拖延到今日，昨日事昨日畢，今日開始新工作。

可以試著請書桌上混亂的人找特定業務的相關資料，我猜他會在那堆堆積如山的資料中不斷翻找，找了很久之後，才會找到所要求的資料。然而，書桌整潔的人已經將與工作相關的資料有條不紊地整理得很整齊，所以只要一提出要求，就能找到對方要求的資料。

請試著培養出只要一出現瑣碎的時間，就整理書桌的習慣。已經做完的業務請放入資料櫃中保管好，不需要的資料只要在瑣碎的時間一出現，就進行丟棄。利用空檔整理書桌，有助於提高工作的效率。

若到目前為止，仍不知道如何整理書桌，那麼就請照著些下列方法實踐看看。

首先，在書桌上只擺電腦，其它資料夾都放入抽屜裡。一般上班族的書桌抽屜是三層的，最上層抽屜一般是放文具，不需要的文具就把它處理掉，只留下需要的。

第二個抽屜則放入個人用品，如智慧型手機、牙膏、營養食品、名片等。尤其智慧型手機在上班後一定要放入抽屜裡，只在需要的時候或固定的時間內拿出來看。

在最下層的抽屜裡放入所有的文件夾。需要時打開抽屜拿出資料，桌面上不要擺放任何文件，找資料所浪費掉的時間是最可惜的時間。

若須處理的資料有很多時，可以在書桌上擺上一個三層左右的資料收納盒為宜。區分成最上層放入短期2～3日內須處理的業務、第二層中期1～2週內須處理的業務，最下層則是1個月以上須處理的業務等，如此做才能有效處理業務。

事先擬定好5分鐘、10分鐘、15分鐘的瑣碎時間活用表

常會出現5分鐘、10分鐘、15分鐘的瑣碎時間。若不事先為了這些瑣碎時間而做準備，很容易就發呆或拿起手機來。請針對5分鐘、10分鐘、15分鐘的空閒時間做好計劃。

今年訂定閱讀100本書籍的目標，隨手攜帶書籍，只要一有空檔，就會帶著感謝的心情打開書本。若不閱讀書籍，那麼要做什麼呢？擬定培養智、德、體等素養的計劃，5分鐘可以做些什麼事呢？

-5分鐘：整理書桌，背5個英文單字、閱讀讀書筆記、做伸展操

-10分鐘：閱讀新聞社論、打電話問候父母、爬樓梯

-15分鐘：寫文章（日記）、閱讀書籍、整理行事曆、散步

盡可能別看智慧型手機

智慧型手機是降低工作專注力的罪魁禍首，幾乎每5分鐘就會有LINE或社群網站的訊息傳來。若環顧周圍，有幾位員工工作時，將手機放置在電腦螢幕旁最容易看到的地方，擔心錯過即時的LINE訊息而隨時確認手機，利用空檔確認社群網站上的訊息，看看認識的人上傳的照片或文章。即便如此，他們卻一如往常說沒空，沒空卻有時間滑手機，當然空不出時間來。

智慧型手機雖然讓我們的生活變得更加便利，卻很容易上癮。因為經常攜帶的關係，很輕鬆地能隨手滑一下。所以它是瑣碎時間的最大掠奪者，智慧型手機只有在需要的時候才拿出來看，只有在事先訂好的特定目的下才使用。

隨著如何使用瑣碎時間，我們的人生也將變得與眾不同。這些時間就猶如儲蓄般，一點一滴地累積成塊狀。以5分鐘、10分鐘、15分鐘為單位擬定瑣碎時間計劃，並加以實踐，將瑣碎時間聚集起來，形成時間塊後再使用。

就像比爾蓋茲一樣把瑣碎時間轉換成時間塊，並善加活用，可以看到很好的效果。說不定我們也能成為像比爾蓋茲一樣的閱讀狂，發揮豐富的知性力量。

伊隆·馬斯克的瑣碎時間活用法

2017年6月的某一天，伊隆·馬斯克連吃午餐的時間都沒有，和組員們一起開會、展開熱烈的討論。他雖然是特斯拉的執行長，與職員們一樣穿著簡單的打扮。那天他穿著黑色襯衫與深色牛仔褲，打著領帶，穿著西裝。把管理階層的主管叫來，並不是要開會，而是要他們與技術人員討論技術相關問題，他認為這是讓公司發展的正確之途。

他與技術人員一起針對工廠裡，不斷發生的各種機械問題進行討論，午餐也以簡單的漢堡來填飽肚子。2個小時漫長的會議結束後，他又回到辦公室裡，一坐下就馬上拿起一本書。書本看起來十分厚，那本書就是《魔戒》（Lord of The Rings），馬斯克打開書本開始閱讀。

瞬間某句話觸動了馬斯克的內心：

任何一個人生活時，總會有遇到苦難的時刻。那不是我們可以決定的，我們須決定的是，如何使用我們擁有的時間。

So do all who live to see such times,but that is not for them to decide. All we have to decide is what to do with the time that is given to us.

苦難與幸福是我們無法決定的，就猶如「塞翁失馬焉知非福」的俗語一般，若有苦難的時刻，也會有幸福時刻。所以處於幸福時，須為禍臨到的時刻做準備，苦難時須為福到來的時刻做準備。

不論在何時我們須決定要做什麼？馬斯克認為不論在何時，時間都是最有價值的，連瑣碎時間，也努力不浪費。他特別討厭電子郵件或手機等浪費自己時間的事務。所以盡可能對要做的事情進行規劃，在規劃的時間內只集中精神工作，盡可能不做不相干的舉動。在剩下的瑣碎時間裡不滑手機，而是閱讀書籍。

閱讀是讓馬斯克擁有今日成就的關鍵，馬斯克小時候一天閱讀10個小時以上的書籍。小學四年級時就將圖書館裡的藏書都讀完，是個標準的閱讀狂。《大英百科全書》等各類書籍，他也喜歡閱讀，累積了深厚的知識。

馬斯克喜歡閱讀敍述偉大人物功績的偉人傳記，他有趣地閱讀完史蒂芬·賈伯斯（Steve Jobs）的傳記，以班傑明·富蘭克林（Benjamin Franklin）作為自己的英雄。他是美國革命的永遠象徵，被譽為「美國建國之父」，也具有發明家特質，發明暖爐、避雷針、雙目眼鏡等，是馬斯克學習的典範。

美元紙鈔上的人物肖像中不是總統的人只有兩位，一位是百元紙鈔上班傑明·富蘭克林，另外一位是10元紙鈔上的亞歷山大·漢彌爾頓（Alexander Hamilton）。他是1789年至1795年喬治華盛頓政府的首位財政部長官，建構美國經濟體系的重要人物。

班傑明·富蘭克林是美國開國元勳，被譽為建國之父。他曾簽署了引領美國獨立的最重要三份文件（《與巴黎的同盟條約》、《1783年巴黎條約》、《獨立宣言》），美國憲法三位簽署人之一。

他並非美國總統，只不過是印刷廠技術人員，為何他會成為美國最受尊敬的人物之一？請看《富蘭克林自傳》，就可以找到答案了。

他設定了以不貪戀榮華富貴的「完美人格」為人生目標，徹底的自我管理與時間管理來達成此目標。他訂定了13

項品德目標，分別為「節制、沉默、規律、果決、勤勉、正直、正義、中庸、平靜、純潔、謙虛」等，為了讓這些品德習慣化，為每週選定了一個特定品德項目作為實踐的目標。

他利用小手冊管理時間，每天先擬定計劃，晚上進行檢討，使每天的生活都過得很充實。一週過完後，就會換另外一個德目，每十三週循環一次，每年就可實踐四次，並將其習慣化。在此須矚目的重點就是為了徹底進行時間管理，須設定目標。

我們要以什麼為目標？每個人都有各自追求的目標，為了成功，都須做一件事，就是「閱讀」。我們透過閱讀，能將蘊含數十年、數百年、數千年的知識，裝入自己的腦海裡，尤其閱讀數百年前的古書，就猶如在吃數百年的人蔘一般。

馬斯克從小時候就一天閱讀10個小時以上，累積了相當龐大的閱讀量。他喜歡《銀河便車指南》（The Hitchhiker's Guide To The Galaxy）、《魔戒》、《基地系列》（The Foundation Series ）、《怒月》（The Moon Is a Harsh Mistress，又譯為嚴厲的月亮）等科幻小說。他邊閱讀這類的書籍，邊幻想著自己畫出來的夢想世界，這是讓他成為21世紀最偉大的創新家的原動力。

在火星上建造殖民地，製造出可重複使用的運載火箭，將人類載到火星的想法，皆是從書籍中獲得靈感。

閱讀書籍雖然不一定會成功，但成功人士經常與書籍不離身。

美國第16屆總統亞伯拉罕・林肯（Abraham Lincoln）曾說過這樣的一句話：「閱讀一本書的人，會被閱讀兩本書的人所支配」！

想要成功嗎？如果是的話，就隨時把書籍放在身旁。

一天30分鐘的閱讀策略

各位一年閱讀幾本書呢？請捫心自問！一般得到的答案是從不閱讀或一年10本以下。

根據聯合報的調查，有四成的台灣人一整年都沒有看過書，其中40%的人是因為沒時間，21%是本身不喜歡閱讀。但法國國家圖書中心2019年的民調卻顯示，法國女性和65歲以上的退休者，每年至少讀20本書，顯得台灣人真的很不愛看書。有趣的是年紀越大的人，閱讀量越少。很難閱讀的原因以「時間不夠用」的答案最多，其次是都在看「手機」。

在此，我們須關注的點是為了閱讀，須克服時間不足與使用手機的問題。即須另外創造出時間，也須減少滑手機的時間。

一個月都看不完一本書的人，要如何一個星期閱讀一本書？請運用以下「一天30分鐘的閱讀策略」。

一本書約1000頁的200字稿紙，約300頁左右。稿紙10張左右約等於A4紙1張。一張A4紙約1,700個文字，一本書約A4紙100張左右，約170,000個文字。若想一個星期閱讀一本書，一天就須閱讀43頁，約24,000個字。一般閱讀100頁需要1個小時的時間左右，所以43頁不到30分鐘，一天只須增加30分鐘，一週即可閱讀一本書。

一天創造出30分鐘專屬於自己的時間並非難事，但實踐起來卻很困難，因為並沒有擬定閱讀的時間計劃。

雖然下定決心「要閱讀書籍」，實踐起來卻非易事。若想實現這個夢想，那就要認定這是與閱讀的正式約定。想著閱讀是與女朋友約會的時間，須努力遵守約會時間，想著自己是世界上最重要的人，比總統、女朋友更重要的人就是自己，不要與自己的約定爽約。一天就與自己約會30分鐘，一年就可以閱讀50本書籍，這並非難事。

每天在早上擬定一天的計劃，並挪出閱讀的時間。書籍並不是在睡前看的，而是想像成在寶貴的時間裡與自己約會而去閱讀。

因日常生活而忙碌，有很多上班族沒有時間閱讀。若安排晚上再閱讀，經常無法實踐。有時因突發狀況而延後下班時間、因公司聚會而必須晚歸、也會因身體太過疲憊想要休息等原因。只要休息一、兩天，就會開始對萬事感到厭煩，這是人之常情。

閱讀書籍這件事就算不馬上行動，也不會顯得太無知。反之，閱讀量累積到某種程度，就會自然與知識連結，促成知性成長。白開水在100度之前加熱速度是緩慢的，當達到100度後，瞬間就開始沸騰。知性的成長也如同水沸騰的道理一般，在臨界點之前成長緩慢，當越過臨界點後就會呈倍數增長。

問題是到達臨界點之前，要花很多的時間。越過了臨界點，就會快速成長。「千里之行，始於足下」，千里遠行是一步一腳印走出來的，比喻事情的成功，是從小到大逐漸累積起來的。帶著如同這句話般的決心來實踐，是十分重要的。上班族不受外部因素干擾，持續不斷地閱讀到臨界點的方法有哪些？個人推薦的方法是開始成為晨間型人。早上提早起床，在其他人都睡覺的時候，擁有自己的時間，即可擁有不受外來因素干擾的個人時間。

金相德科長每天晚上9～10點哄孩子睡覺，之後就可以擁有閱讀與個人的時間。這時身體通常很疲倦，常在書桌前打瞌睡。不過坐在書桌前的行為已比滑手機好，也比躺在沙發上好。有時候會覺得晚上太早睡覺很可惜，於是看電視看到很晚，早上匆匆忙忙起床、洗臉後，就趕去上班。每天常因工作、育兒感到身心疲憊，於是陷入惡性循環。

某一天晚上9點哄小孩子睡覺時，他不小心跟著孩子一起睡著了！隔天清晨5點就睜開眼睛，思考著該做些什麼呢？於是就出去散步，再回家盥洗、閱讀一下書籍。接著就上班，開始一天的新生活，早上藉由閱讀賦予自己努力的動機，也變得更有自信。因為比平日提早開始一天的生活，在心情層面上感受到些許的悠閒感，處理工作時也不會有被時間追著跑的感覺，讓自己過得更有餘裕。

最近金科長9點左右準備就寢，並哄孩子們睡覺。自己也在9點半睡著，隔天清晨4點半起床，擁有自己的時間。這兩個小時只用在自己身上，閱讀書籍或學習過去想學的東西。星期一、三、五會去游泳池運動，維持健康。

清晨起床並不是馬上就坐在書桌前，這就如同電腦電源打開後，需要開機的時間，我們的身體也與頭腦一樣，不會在起床時就百分之百同時啟動，這時就需要透過熱身運動來活化身體與頭腦。

首先，一起床就馬上用文字將昨天晚上的夢境，完整地記錄在日記上。睡覺過程中我們的腦部會在不自覺中不斷活動，那天發生的事、平常煩惱的事，夢有時也會如同電腦伺服器般，邊運轉邊將資料整理成檔案，並提出解決問題的方案。一睜開眼睛不做記錄，之後就只會記得「夢裡的片段」，其它什麼也記不得。

接著，整理床舖、摺好被子，做好「送走昨日、迎接今日」的早晨儀式後，先到廚房喝一杯水。我們的頭腦75%是由水所構成，所以早上起床，須補充整個晚上缺乏的水分，這個動作就像將汽油倒入汽車裡的意義一樣。

接著，去到洗手間裡用平日不常用的手來刷牙。因為右撇子平日習慣只用左腦，這時用另一隻手，可以刺激頭腦，促使腦部反應變得更快速。

回到房間裡，盤坐、深呼吸20次，把氧氣放入腦部，伏地挺身30次，做一下伸展操，再坐在書桌前。如果這麼做，我們身體或頭腦也在某種程度上處於熱身狀態，做好理性思考的準備。

*起床後做的事情

-回想昨晚的夢並做記錄

-摺疊被子

-為腦部補充水分，喝杯水

-用左手刷牙（左撇子則用右手做）

-冥想

-做簡單的運動

這個方法是美國動機賦予專家吉姆·奎克（Jim Kwik）所傳授的祕訣。他在5歲時腦部受傷，無法做正常的思考，所以為了成為正常人，不斷努力提高腦部功能。

他每天早上會先做10個階段的起床運動，如飲用幫助腦部發展的茶等，之後才開始一天的生活。並透過各種技術，讓腦部功能變得更靈活。吉姆將這類祕訣傳授給馬斯克、賴瑞·金（Larry King）等名人，現在已是世界家喻戶曉的動機賦予專家。

筆者也從提早起床開始一天的生活後，改變了生活模式。一般稱晚上9點就寢、清晨4～5點左右起床的人為「晨間型人」。稱半夜2點左右睡覺、早上9～10點起床的人為「夜間型人」或「貓頭鷹型人」。

這兩種類型的人各有優缺點，筆者認為晨間型人最大優點就是睡眠。早上要提早起床，前一天就不會做不必要的事，如晚上喝酒、吃宵夜、看電視。

還有早上提早起床，不僅可以擁有完全屬於自己的時間，還可以深度反省自己，並開發自己的能力。尤其早上的一個小時是活化腦細胞的時間，相當於白天的3個小時。即早上2個小時相當於白天6個小時，所以成為晨間型人，是把一天當作兩天用的祕訣。

成功的執行長大多是晨間型人，像是克服諸多困難而過著成功人生的賴瑞·金、世界首富比爾蓋茲華倫·巴菲特（Warren Buffett）都是晨間型人。依據韓國某間研究機構的調查結果顯示，韓國大型企業執行長平均起床時間為5點45分，他們大部分會提早起床，迎接一天的生活。

各位也試著各企業執行長的這種祕訣，並判斷哪一種較適合自己！一次的實踐很難改變既有的習慣，若從改變中獲得了很多好處時，就具有實踐的價值。

在本章節中分析了任何一個人都擁有的瑣碎時間，是要任由時間的流逝，還是策略性地使用時間，取決於各位的決定，這一個小小的抉擇一定能為我們的人生帶來變化。

眾流歸海，是要隨波逐流，還是在每個人生的十字路口上，真誠地打造出自己想要的樣子繼續走下去，這取決於個人的抉擇。

預測不確定未來成效的最佳方法，是依照自己的目標打造未來。達成這個目標的基礎功夫，就是閱讀，只有透過閱讀才是學習到數千年來祖先們所整理出來的知識。不論是比爾蓋茲還是馬斯克，都經常利用瑣碎時間閱讀，這兩位成功的靈感都源自於書籍中，都是瘋狂喜歡閱讀的人。

該如何活用每天所出現的瑣碎時間呢？要具有目標意識。重點是不要毫無目的地滑手機，任由時間流逝。時間對於每個人都是公平的，都是24個小時，要如何使用是自己的責任。

每天早上試著挪出30分鐘的瑣碎時間，嘗試閱讀。帶著愚公移山般的精神，每天持續閱讀書籍30分鐘，一定會引領各位邁向成功之路。

銘記下列事項！

1. 瑣碎時間一般是指20分鐘以內的短時間。
2. 須擁有目標意識，積極活用瑣碎時間。
3. 將瑣碎時間打造出時間塊，並善加活用。
4. 積極將瑣碎時間活用成閱讀時間。
5. 活用瑣碎時間的六種策略
   1) 活用午餐時間策略：偶爾獨自行動
   2) 活用會議時間
   3) 活用出差時間
   4) 整理周遭環境
   5) 擬定5分鐘、10分鐘、15分鐘時間計劃
   6) 請遠離智慧型手機

第六章

第五階段：
邁向成功的時間管理法

多工作業，能大幅提升工作效率嗎？

您是否為多工作業類型？

企劃組朴俊宇部長的風格是一次同時處理多件事情，所以桌上總是堆滿了文件。他在做某一件事情的過程中，會突然想起其他事情。每當腦海裡浮現其他須處理的事情時，就會立刻行動才會心安。若出現特殊事項，就向金敏圭代理打電話，確認事情進行的狀況，並下達業務指示命令。

所以朴部長一天的行程過於忙碌，上班後連上網的時間都沒有，連午餐時間也很短暫，休息的空檔都沒有，不斷認真地工作。即使這樣做，時間還是不夠用，每天加班，待在辦公室裡最後一個離開，才關掉電燈下班。

反之，財務組李泰賢科長的桌上只有一台電腦。他的風格是一次只集中精神做一件事情，突然有人提出業務要求時，他會回答說，自己現在須先將正在進行的工作結束掉，並說明什麼時候才可以完成您交代的事情。要求者當然希望李科長馬上幫忙處理，但知道李科長為人十分守時，所以信任他，願意將事情交給他做。

他在工作進行過程不會馬上處理突然想起來的事情，會將事情記錄在日程表上。完成一件事情後，會利用瑣碎時間處理日程表，並從緊急的事情開始處理。李科長不管上司交代什麼文件，絕對不會發生在桌上翻找文件的情形，而是立即從抽屜裡找到所需的文件夾。李科長總是自信滿滿、從容不迫，很少留在公司加班，也幾乎不會發生工作未於截止日期完成的情形。

只要是上班族，都能在周圍看到這兩類型的人。經常這件事、那件事一起做的朴部長是多工作業類型，反之，一次只集中精神做一件事的李科長是單工作業類型。

一般人會認為同時進行多件事情是十分有效率的。因此為了提高效率，會同時進行多件事情，認為這是迅速處理的方式。多工作業果真會比單工作業的效率更高嗎？

在這一章節裡我們將針對單工作業風格的比爾蓋茲，

與多工作業風格的馬斯克進行比較。藉由比較與分析兩個實例，讓讀者可以領悟到時間管理的核心祕訣。

單工作業（Single tasking）專家－比爾蓋茲

1979年某個風和日麗的日子裡，在前往美國新墨西哥州阿布奎基國際機場（Albuquerque International Sunport）的道路上，出現了一輛安裝著渦輪引擎的藍色保時捷911。這輛車好像在賽車般發出巨響，以超快的速度在道路上疾馳。在駕駛座上的比爾蓋茲正握著方向盤，腳用力踩著油門，比爾蓋茲是因為很緊急而如此超速駕駛嗎？

從位於美國新墨西哥州阿布奎基國際機場的微軟辦公室，到機場約7.5公里路程，開車約17分鐘的距離。那天比爾蓋茲的班機起飛時間為10點，比爾蓋茲到9點50分以前都在辦公室進行程式設計，班機起飛10分鐘前他才從辦公室出發。

比爾蓋一如往常瘋狂地超速！很幸運地搭上了飛機。

2011年9月11日911事件發生以前，美國搭乘國內線飛機須在起飛前1～1個半小時前到達機場。對於比爾蓋茲而言，正處於初創期的微軟分秒必爭，根本沒有等待搭飛機的閒餘時間。他冒著可能錯過班機的風險，就是為了不浪費時間。

比爾蓋茲在購買私人飛機之前，一般都是搭乘商務飛機。就算有了私人飛機後，也常常搭乘商務飛機。他不一定會搭乘商務艙，偶爾也會搭乘經濟艙。他雖然很有錢，但絕不會把金錢浪費在不必要的地方。

比爾蓋茲就如同下列內容一般珍惜金錢與時間。

我們最重要的資源就是時間，在各位的人生當中如何使用時間是一件十分重要的事情。每年的第一天我都會謹慎地回顧過去一年所發生的事情，我甚至於會把我的朋友史蒂芬・巴爾默（Steve Ballmer）叫來，讓他對我的行程做出評價。他問我有必要把這麼多的時間，投資在這麼多的工作上嗎？

這是十分有用的，因為將更多的時間耗費在與技術人員或顧客們相處，對我而言是件更幸福的事情。這使我的心情變得平靜，讓我產生正在做重要事情的確信感。

比爾蓋茲這麼積極地管理時間的理由，是在哈佛大學就讀期間培養出來的習慣。他從小時候開始即展現與眾不同的數學才能，數學SAT考試考了滿分800分。湖中中學校長肯定比爾蓋茲優越的電腦程式設計能力與數學能力，於是幫他寫了推薦函。

比爾蓋茲是常春藤聯盟哈佛大學、普林斯頓、耶魯大學等的獎學金生。他依照律師父親希望他承繼律師行業的盼望，於1973年選擇進入哈佛大學法學院就讀。

進入哈佛大學的比爾蓋茲喜歡學習，依照他的著作《未來之路》（The Road Ahead）所記載，在學校平日過著十分悠閒的生活，花很多時間在電腦與撲克牌上，快到考試時才臨時抱佛腳。即養成了以投入最少時間獲得最佳成果、追求高效率的美式文化習慣。

平常喜歡數學的比爾蓋茲，與希望他專攻法律的父母期待相違背，以選修數學科目為主，甚至於還選修研究所課程「經濟學2010」。他一聽到教授說只以期末考成績作為學期成績，就一整個學期從未踏進教室裡，而是沉溺在電腦中。考前一週才打開經濟學教科書，並與宿舍室友史蒂芬·巴爾默以教科書作為競賽標的，最後兩人的學期成績都得到A。

像比爾蓋茲一樣平日很悠閒地做其他事，直到期限截止前才開始工作的行為，艾利·高德拉特（Eliyahu M. Goldratt）博士稱其為學生症候群（Student Syndrome）。

學生們對於老師所給予作業的截止日期感到過短時，會以各種藉口，盡可能延長作業繳交期限，最後老師只好將截止日期延後一個星期。然而，回家後馬上動手做作業的學生一個也沒有，大部分的學生在延長的期間裡做其他事情，只在截止日期前一、兩天前才開始撰寫作業。

考試學習也一樣，平日徹底做好預習、複習的話，學習效果才能持久，並能獲得好成績，這是每個學生都知道的事實。然而，大部分的學生會在考前一天才臨時抱佛腳。

上班族也會出現這種現象，上司為了評估新產品的上市狀況，下令對市場現況進行分析。雖然給了一週的期限，然而，大部分的上班族在接獲指示後，不會馬上著手進行業務，會先處理其他緊急的事情，在截止期限前才開始撰寫報告書。雖然需要10個小時，卻只想在2～3個小時內完成。因此，不僅報告書內容不夠完整，就連截止期限也無法遵守。

還期待著上司也許會忘記一個星期前下的指示，而想要混過截止日期。然而，上司就好像鬼一樣精明，一到截止日期，就會來到下屬面前，詢問報告書撰寫的進度？

這種心理與債權人來收錢的心理是一樣的，借錢給他人的債權人一定記得借錢給他人的事實，借走錢的債務人就會認為，債權人過一段時間後就會忘記借錢給他人的事實。事實上，債權人都記得，只是沒說出口而已。

在截止日期前才處理事情的最大問題就是多工作業

（Multi-tasking）。身體只有一個，要做的事情卻好幾個。這個也要做，那個也要做，工作的時間須被分割，或同時做兩件事情以上。

例如，撰寫報告書時，同時要準備明天的會議；或接電話時，要同時寄電子郵件或滑手機等，一次需要同時進行好幾件事，這時發生的問題點就是集中力降低與工作拖延等。

進行各種活動的同時，我們認為頭腦會記得所有的事情，事實並非如此。我們的頭腦只有一個，不是好幾個，所以一次只能處理一種活動。然而，我們卻誤以為頭腦可以同時處理好幾件事情。

多工作業不僅降低集中力，最大的問題會使工作往後拖延。人們認為在進行多工作業時，可以在短時間內同時完成好幾件事情，比起單工作業，更喜歡多工作業。就時間管理層面而言，更有效率。甚至於覺得同時做好幾件事，會誤以為自己很認真在工作，問題是不能遵守截止日期。

假設您是跟比爾蓋茲一樣是一位電腦程式設計師，現在是公司設立的草創期，須與A、B、C公司一起合作進行企畫案。

每個企劃案的截止日期都是20天，分成單工作業與多工作業來進行，並比較各自所需的時間。

首先，分析以單工作業進行的情形，完成A企劃案所需的時間為20天，若依照A、B、C順序完成的話，一共需60天。

單工作業：完成A企劃案需20天

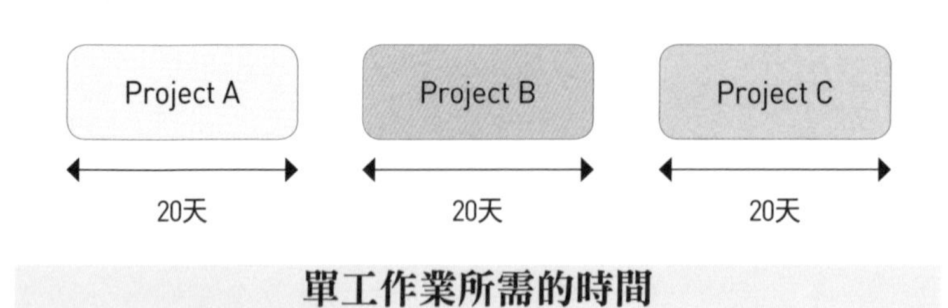

單工作業所需的時間

現在因被時間追著跑，須進行多工作業的情形。A企劃、B企劃、C企劃先各做10天，再做A企劃10天即完成，那麼A企劃所需的時間是40天。比單工作業多兩倍的時間。

多工作業： 完成A企劃案需40天

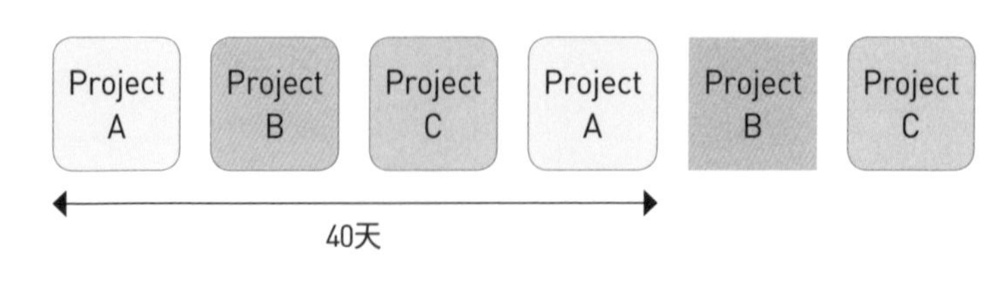

多工作業所需的時間

乍看之下，多工作業似乎能提高工作效率，進行多工作業的人也會覺得工作效率十分好。就企劃案結束所需的時間而言，多工作業既是奪走時間的毒瘤，也是企劃案往後拖延的罪魁禍首。

以多工作業方式進行企畫案時，會出現「學生症候群」問題。與截止期限長短無關，所有的作業都在截止期限前才著手做的事實，從未改變過。於是經常不能在期限內完成工作，造成拖延。

若將企劃案細分成好幾個時，初期作業拖延時，就會影響到下階段的進度。一開始只拖延一兩天，之後就慢慢累積天數，拖延的天數也越來越多。

這和在山頂上滾雪球的道理是一樣的，越往山下雪球越滾越大。

因此，最晚開始的企劃案在開始進行時，就已經處於延遲的狀態，於是會發生在期限內無法完成企劃案的情形。

反之，也有企劃案更快結束的情形。這種情形是企劃案一結束，就須馬上著手另外一個企劃案。然而，有趣的是企劃案即使在初期就完成，然而，大部分的人想把所提供的時間都用完，要到截止日期才繳交報告。

英國歷史學家西里爾·諾斯古德·帕金森（Cyrill Northcote Parkinson），曾在1955年的《經濟學人》投稿一篇評論。這篇文章的內容摘要是「在工作能夠完成的時限內，工作量會一直增加，直到所有可用時間都被填充為止（Work expands so as to fill the time available for its completion）」。

他在英國海軍上班時發現了這個有趣的事實。20世紀初期隨著大英帝國體系的沒落，1935～1945年公務員的工作量減少，公務員人數卻由327名增加到1,611名，約增加了400%。

業務量減少，人員卻增加，是許多進行大量文書撰寫的官僚組織之特徵。上司為了自己的存在感，而僱用更多的部屬，還會把自己可以做的事情分派給部屬，增加他們工作量，影響工作進度。

這個研究的結論是人們在工作時會把可用時間填滿，這稱為「帕金森定理（（Parkinson's Law）」。

這種時間特質與預算差不多。若給予1億韓元的預算，到年底卻沒用完，那麼會怎麼做呢？會想盡辦法用完所有的預算。這個問題與公家機關或一般人無關，預算都用完，看起來才像是把事情徹底做完，若預算有剩時，明年的預算會被刪減。這是為了讓明年的企劃案經費規模保持不變，所導致的問題。

在時間管理上，像比爾蓋茲般要在截止期限前才做的方式，會導致多工作業的進行，進而導致工作的拖延，隨著時間的流逝，拖延的日數就會不斷增加。另一方面，人性的特徵是即使很快就把工作做完，但也會將可利用的時間用完，所以不會在初期完成。總言而之，時間管理的重點，在自己訂定個人的截止期限，提早完成工作。

從在哈佛大學負責管理宿舍、長期觀察學生的管理員之談話中，可以得知成績好的學生祕訣很簡單，就是在報告截止日期十天前完成，考試也一樣，也在考試日期10天前就做好準備。在截止期限結束前設定自己的截止期限，依照自己的時間計劃進行。剩下的時間，就可以集中精神悠閒地做其他活動。這麼做，不僅不會發生前面所分析的多工作業問題，也不會發生被時間追著跑的情況，可以控管好自己的時間。

比爾蓋茲也在創設微軟時，發現臨時抱佛腳的工作方式有問題。在貿易世界裡，十分重視時間，以遵守與客戶約定好的繳貨日期，來累積公司的信用度，將遵守時間視為最重要的一件事。在公司草創期間，比爾蓋茲與日本廠商貿易往來時，學習到時間的重要性。

對日本人而言，時間管理的意義，一言以概之就是準確性。在日本只要覺得自己有可能比約會的時間晚到時，就會先與對方連絡，這是基本禮儀。如果因電車誤點而導致到公司會遲到5分鐘左右時，那麼就會在車站申請電車誤點證明書。一般商業聚會時，都會提早5至10分鐘到達約會場所附近，在約會時間到的時候才出現。

連結日本本島的東海道新幹線，以無誤點情況聞名世界。依據2016年的統計資料顯示，一年列車班次共為13萬班次，一年累積的誤點時間再除以列車班次，平均誤點時間為24秒，這比2015年的平均誤點時間12秒更多。由此可知，時間的準確性很難有國家可以超越日本。

反之，在比爾蓋茲生長的美國，時間管理與效率有直接的關係。平日盡情地玩，考前臨時抱佛腳也可以獲得好成績，比爾蓋茲就是最佳實例，以投入最少時間獲取最大成果，在美國就是一種美德。

然而在貿易世界裡，將美國風格的有效率與日本風格的準確性做比較時，何者更重要呢？比爾蓋茲和日本人一起創業時，領悟到準確性的重要性，並得知追求效率的方式對於企業經營不一定是好事。

若追求效率，須臨時抱佛腳，臨時抱佛腳有可能導致工作拖延。工作拖延時，日本企業會以協助完成工作的名目，派遣公司員工到微軟辦公室裡，整天監督微軟員工的工作狀況，找出工作往後拖延的原因。

美國員工若感到壓力時，就會更認真工作。比爾蓋茲就是從日本人身上學習到追求準確性的時間管理方法，並推升微軟成為世界最佳公司之一。

多工作業專家（Multi－tasking）專家
── 伊隆．馬斯克

2000年的某一天，伊隆．馬斯克正駕著車奔馳在向矽谷南方延伸的桑德希爾路（Sand Hill Road）上。華爾街是美國紐約金融家的象徵，桑德希爾路則是新創公司的象徵。矽谷的門洛帕克路（Menlo Park Road）則將史丹佛大學東門，與這些矽谷新創公司連接起來。

這一天，伊隆與彼得．提爾（Peter Thiel， PayPal的共同創建者之一）一起駕著麥拿侖汽車，前往新創公司。開車過程中，兩個人一直在討論如何從紅杉資本（Sequoia Capital）麥可．莫里茨（Michael Moritz）那裡獲得投資。

突然之間，馬斯克用力踩油門，沒有牽引力控制系統（Traction Control System，簡稱TCS）的麥拿侖汽車無法控制牽引力，於是開始發出巨響，輪胎也開始空轉。

這就好像是行駛在結冰路的車子因為路很滑，欲把車子推出馬路外。馬斯克瞬間振作起精神，用盡全部力氣控制正在打轉的車子，並避開其他車子。

沒想到幾秒之後，「砰」的一聲，馬斯克的車子撞上了防護欄。車子在空中翻了好幾圈，就掉落在道路上。沒多久之後，馬斯克就好像什麼事都沒發生過一樣，微笑地從車子裡爬出來，接著，彼得·提爾也從車子裡爬出來。

幸好他們兩人的傷勢不嚴重，百萬美金名車就在自己眼前報廢，並非一件愉快的事情。因為會議時間快到了，兩個人就趕緊搭他人的便車，前往紅杉資本。

比爾蓋茲VS馬斯克

比爾蓋茲是21世紀首富，馬斯克則是21世紀最偉大的創新家。2002年他創辦了世界第一間民營太空探索技術公司SpaceX。太空產業的創業資金，猶如天文數字般龐大，所以大部分的人皆敬而遠之，認為只有政府的財力才足以勝任，馬斯克確信只要用NASA研發火箭經費的10%，即可以研發出運載火箭。

馬斯克以更低廉的價格製造運載火箭，提供更多人能參與太空旅行的機會。獵鷹火箭發射成功後，他誇下海口說：「接下來，他要製造出可以重複使用的運載火箭。」馬斯克以「特斯拉」品牌製造電動車，這是自1925年克萊斯勒汽車創立之後的100多年來，首間在美國創業成功的新汽車公司。

不僅如此，他還經營太陽能服務的太陽城，並獲得了成功，他可以說是創新的典範。

有趣的是比爾蓋茲與馬斯克擁有許多共同點，都很喜歡汽車，皆擁有保時捷911，也喜歡飆車。比爾蓋茲曾因超速被監禁在拘留所裡，還被判刑，卻戒不掉超速的惡習。

馬斯克也與比爾蓋斯不相上下，喜歡追求速度感。他用出售最初創業的Zip2所賺得的資金，以百萬美金購入1990年代，世界上最快速的超級跑車麥拿倫F1。馬斯克以第67位購買者購買麥拿倫的事情，還被CNN轉播到美國全國各地。

就如同上述的實例一般馬斯克喜愛刺激感，即使親眼目睹自己百萬美金超跑報廢的瞬間，仍泰若自如。

多工作業專家

馬斯克與比爾蓋茲不同，須同時經營3～4間公司，才會產生滿足感。換句話說，他是多工作業專家，偏好同時進行各種事情，而非先訂定優先順序、全心全力只做一件事的單工作業類型，現在已是四間公司的執行長。

這四間公司即是製造運載火箭的SpaceX、製造電動車的特斯拉、非營利人工智慧研發企業OpenAI、建造以解決洛杉磯滯礙難行交通問題為目標的基礎建設與超迴路列車（Hyperloop）之無聊公司（The Boring Company）等。安裝並出售太陽能板的太陽城是特斯拉的子公司，目前由馬斯克擔任董事長。對於同時經營好幾間公司的馬斯克而言，多工作業是必須的作業。

馬斯克在週間不同的日子裡，輪流到這四間公司上班。馬斯克的家位於離洛杉磯比佛利山，約20分鐘車程的貝萊爾（Bel Air）。星期一開車24分鐘到SpaceX上班、星期二到位於加州帕羅奧圖（Palo Alto）的特斯拉上班、星期三、四也會在此公司上班。時間上允許的話，會再開40分鐘的車到達OpenAI上半天的班、星期五又回到SpaceX上班。

馬斯克為了將自己能力發揮到極致，在週間不同的日子裡輪流到兩間公司上班。馬斯克的時間經常是不夠用的，但也能勝任每週80至100個小時令人窒息的行程。除了星期天以外，每周工作六天，每一天至少工作15個小時，但他都能輕鬆勝任。

依據美國數位媒體《Quartz》的推論，馬斯克一週待在SpaceX的時間約40個小時，在特斯拉約42個小時。他在每間公司的工作時間與每週5日、每日8工作小時的上班族一樣。

馬斯克不僅野心勃勃，連能力也超強，可以把SpaceX與特斯拉經營得十分好。然而，與單工作業不同，多工作業一定會造成工作進度的延遲。特斯拉第一批電動車Roadster，就比預定交車時間晚了9個月，之後上市的Model S，就延遲了6個月，Model X延遲了18個月，Model 3延遲了2年，於2019年2月底上市。當然，品質、生產等，本來就會影響新品上市的變數。就電動車的情形而言，這也成了特斯拉問題核心的變數。

如果馬斯克只在一個地方上班時，會發生什麼樣的事情呢？會出現因持續性的延遲而導致訂契約者解約的現象嗎？關於此方面，是個值得深思的課題。

馬斯克現在也投資十分多的時間進行多工作業，為了有效管理時間，也許須將工作方式轉換成單工作業方式。

朴元順次長曾有很多因多工作業導致工作進度延遲的經驗，他在製造醫藥品的製藥公司裡主要負責生產管理，基本業務是產品的生產日程管理。

首先，管理400種產品的生產日程，再確認產品生產所需的原料、採購材料。每種產品所需的原料不同，大致上一種產品需要10種以上的原料、8種材料、6個流程，一次不只生產一批貨，為了提高效率，會連續性生產10批貨。以乘法來計算時，得出10Ｘ8Ｘ6Ｘ10=4,800，即有可能發生4,800個問題。

作業進行過程中，只要有一個環節出錯，就會影響到下一個流程的進度，若急著進行生產作業，則又會出現其他問題或導致作業延遲的問題。延遲又促使其他延遲產生，其他延遲又促使另外的延遲產生。

月底擬定下個月的生產日程計劃，依照日程表進度生產產品，月初產品生產進度雖然順利，然而到了月中若發生問題，就會導致生產進度延遲，於是月底計劃生產的產品就要延到下個月。

若中間出現緊急訂貨的情形時，日程就不得不延後。

在不斷發生延遲的惡性循環中的某一天， 朴元順次長突然開始苦惱「有沒有結束惡循環的鑰匙」。最後朴元順找到了解決策略，他領悟到最佳方法即是一次只做一種的單工作業，並非為了提高工作效率而什麼都同時做的多工作業。

為了一次只處理一件事情，在每天列出當日要做的事情清單。對於清單上的工作，訂定優先順序，並依照優先順序一一處理。有的日子只處理2～3件事情，一天內就完成了。沒做完的事情列在隔日清單上，並編列優先順序。

若這麼做，作業似乎有可能變得單調乏味，不過從某個瞬間起待處理的事項也會一一消失。處理事情的速度變快，一次處理一件事情的同時，也會開始領悟到其中的趣味。為了在周而復始的乏味生活中尋找到樂趣，須製作當日要做的事情清單，並有計劃地進行。

為了找到這個單純的祕訣，嘗試了各種方法。有一次為了防止生產作業發生延遲現象，將A產品的生產預定日期提前，A產品卻比平日更晚完成生產。原因在於製造者覺得時間充裕，只讓不緊急的A 產品部分生產流程先進行，之後中斷，再進行B產品的生產。之後，又出現C產品的緊急訂單，結果就造成A產品無法如期完成生產。

朴元順次長因未能如期交貨，受到上司的譴責。透過這件事情他領悟到一個流程完成後，再進行下一個的單工作業，是最快速的方法。方法看起來似乎不難，實際運作時卻不易。

成功的祕訣不是一次同時進行好幾件事情，也不是在截止期限前以最高效率進行事情，反而是單純地將每件事情完成。

比爾蓋茲是在與日本人進行貿易時領悟到這個祕訣，並藉由實踐此方法，讓微軟發展成世界巨人。

本章的內容或許有可能讓您認為在截止期限前再開始做，是有效的時間管理方法。到達最後階段才做的「學生症候群」，導致了多工作業的進行，多工作業結果會造成進度的延遲。當一件事情的進度被延遲，就會導致另外一件事情的延遲，接著又影響到下一件事情，隨著時間的流逝，事情就會像滾雪球般越來越多。

　　這個問題的解決策略就是訂定自己的截止期限，在可利用的時間內依照順序完成事情。若克服將可利用時間填滿的「帕金森定理」，依照自己的時間計劃處理事情時，各位一定可以成為時間的征服者。

銘記下列事項！

1. 比起多工作業，請進行單工作業。
2. 多工作業有可能讓工作延遲。
3. 要對在截止期限前才工作的「學生症候群」有警戒心。
4. 克服工作時將可利用時間填滿的「帕金森定理」。
5. 訂定自己的截止期限，就能提前完成工作。

比完美更重要的掌握時機祕訣

完美主義者的做事原則

在韓國國策研究所成果組上班的李規宣代理是個完美主義者，經常要將事情處理得很完美才會心安。撰寫報告書時，連一個錯字都不允許，也要求內容要完美。他的報告書少則10頁，多則50頁。對於要求只寫一頁報告書的上司令他覺得不可思議。

李代理在自認為達到完美的水準前，會不斷修改報告書。即使上司要求要看報告書，在自認為寫得很完美之前，絕對拒絕提交。上司提出多次要求後才在不得已的狀況下提交，上司看了之後，似乎覺得報告書的方向與內容過於複雜，所以不滿意。

李代理認為內容充實與完整比截止日期前完成報告書更為重要。他認為報告書是自己的臉蛋、自己的分身，不容許有任何一點差錯。

反之，在行政組工作的金成浣代理以迅速處理事情出名。不論是周圍的同事或組長都一致認為，和金代理工作覺得很舒服。金代理的業務處理方式並非一次做到很完美，而是在進行過程中，會多次接受對方的回饋，將其反映在報告書中。接獲組長關於特定事情的指示時，馬上依照自己的想法撰寫出草案，並拿給組長看。

他認為組長的指示一定有特別的意圖，所以努力知道組長心中的想法。即便報告書的內容不完美，也會跟組長報告好幾次後，並得到一些建議。將組長的想法迅速反映在報告書內容上，進行修改後，再向組長報告，做最後的收尾。金代理在期限截止前，即迅速完成符合組長想法的報告書。

在工作上遵守截止期限雖然很重要，內容充實也一樣重要，常會出現魚與熊掌不可兼得的情形。須二擇一時，該如何抉擇，那就先讓我們來瞭解一下比爾蓋茲與馬斯克的例子吧！

從Windows 95與精益創業中看出比爾蓋茲的時間管理方法

1995年8月24日，比爾蓋茲站在位於華盛頓雷德蒙德（Redmond）的微軟總部裡。比爾蓋茲穿著左胸印著微軟公司商標的藍色短袖POLO衫。比爾蓋茲旁邊站的是脫口秀節目《傑．雷諾今夜秀》（The Tonight Show with Jay Leno）主持人傑．雷諾（Jay Leno）。雷諾手握著白色滑鼠，摸著與滑鼠連結的線，開完笑地說著這是老鼠尾巴。

這一天比爾蓋茲自信滿滿地站在群眾面前，介紹Windows 95，揭開了新數位時代序幕。 Windows 95系統與我們現在使用的Windows系統十分類似，在這之前，電腦是在黑色DOS畫面裡輸入文字後使用。簡單來說，這是一般人不易使用的。

Windows 95出現時，改變了人們對電腦的認知。為了使用者能更方便地使用電腦，出現了最早的開始選單及桌面。因為它的出現，任何一個人可以輕鬆用滑鼠操作電腦。可以輕鬆開啟或關掉視窗，任意放大或縮小視窗。使用者介面是十分前衛的。

在Windows 95發行第四天，銷售量就突破100萬，成了個人用電腦大眾化的開端。

然而，Windows 95並非穩定的操作系統，只要出現一點錯誤，95就會顯示致命性錯誤的藍色畫面，接著就當機了。人們稱其為「藍畫面死機（Blue Screen of Death）」。

Windows 95正式上市之前，比爾蓋茲總共進行了11次的β測試，為了找到錯誤做了許多努力，當然知道會出現這種錯誤。

這種現象的批評者則說：「這是比爾蓋茲為了提前占領市場，而將不完美的產品上市。」應該經過更多次的測試與研究，再將系統穩定的產品上市才對。

然而，比爾蓋茲的想法不一樣。他認為這是為了建構起迅速回饋體系，聽取顧客的意見，並快速地反映在產品上。微軟公司是個行動敏捷、迅速的公司，以顧客需求至上為經營宗旨。他為了產品的完美，先將產品上市，聽取消費者的回饋，更迅速地處理各種問題。

1998年4月的某一天， Windows 98提前上市，舉辦了試用會。這一天比爾蓋茲在正式的場合上穿著西裝出席會場。員工們正在示範Windows 98的使用方法，但在將新裝置與電腦連結的瞬間，又再次出現死機藍畫面，讓全場觀眾哄堂大笑。那時比爾蓋茲說：「這就是我們為什麼不讓Windows98上市的原因。（That must be why we're not shipping

Windows98）。」這是由CNN負責現場轉播的，至今仍是家喻戶曉的比爾蓋茲丟臉事件。

那麼，比爾蓋茲為什麼一直讓不太完美的程式上市呢？

時間比完美更為重要

比爾蓋茲認為時間比完美更為重要。我們試著想想看在學校考試的情形。歷史科目若想考90分以上時，就須將考試範圍精讀2~3遍以上，才有可能獲得。

若想得100分，情況就會變得不一樣，就須將考試範圍的內容一字不漏地記起來，為了預防高水準考題的出現，而須深度學習。不是精讀2~3次，而是須精讀10次以上。要考90分只要比平常更用功10%，要比考90分時更用功3~4倍，得100分的機率才會增加。那麼為追求完美，就不得不延長時間。完美的定義是主觀性的，是在自己認為的範圍內完美。若跳脫自我的思惟框架時，會發現自認為的完美是不足的。

例如，試著想想看在公司裡將報告書交給組長批准時的情形。自己熬夜完成完美報告書時，隔天就能自信滿滿地站在組長面前進行報告。報告後，組長卻指出許多問題，讓報告書顯得破綻百出，心情感到沮喪萬分。即使為了撰寫完美的報告書，投入了很多的努力與時間、甚至於熬夜，若不是上司想要的，就必須重寫。那麼就須再投入比之前更多的時間來撰寫報告書。

要獨自埋頭苦幹撰寫完美的報告書嗎？若在撰寫報告書的過程中得到組長的回饋，並反映在報告書裡，最後所提交的報告書，也許一次就能得到組長的批准。請瞭解上司的需求，並依照其需求撰寫報告書。準時比內容完美更為重要。

最初的報告書雖不完美，但在截止日期前提交給上司時，得到上司的回饋後，再進行修改，即能更快速完成事情。因為各位所想像的完美是合理的，但非理性的。

行為經濟學

這是經濟學者最近經常提出來的論點。從以前經濟學家就認為「人類做出合理性的決策。」然而，這個合理性只是在自己思惟框架誤認為的合理性與理性。

實際上，人們受到認知的、社會的、感性的偏好所影響而做出錯誤的決策與錯誤的行動。將這種人類行為與心理學連結，分析並究明人類行為的研究，稱為「行為經濟學」。

過去在經濟學領域上非主流領域的行為經濟學最近綻放出光芒，將我們充滿思考偏好的狀況呈現出來。《快思慢想》（Thinking Fast & Slow）一書作者丹尼爾·康納曼

（Daniel Kahneman）因為在行為經濟學上提出了卓越的貢獻，獲得了2002年諾貝爾經濟學獎。《推力》（Nudge）作者理察・塞勒（Richard H.Thaler）獲得了2017年諾貝爾經濟學獎。

我們自認為追求完美是合理的、理性的，事實上並非如此。在企業裡我們經常可以看到這樣的實例。

過去的企業祕密地製造出完美的產品，在新產品上市前，在企業內部也都是祕密進行的，還投入了很多時間與資金。不管那個產品是消費者喜歡的或不喜歡的，只有老闆沉浸在新產品會創造出銷售佳績的幻想中，而祕密生產該產品。

實際上，新產品一上市，未按照老闆幻想的劇本發展。在市場上已存在著很多類似的產品，價格也千差萬別。老闆這時才頓悟到自己被幻想給困住的事實。對於已投入的資金感到很可惜，而捨不得放棄新產品，於是又投資更多的資金。這種惡循環終將此企業帶往死亡之路。

這樣的新產品只要開發幾次，過去所累積的資金就會消失。《精實執行》（Running Lean）的作者艾許・莫瑞亞（Ash Maurya），就曾說過「去製造他人不想要的東西之人生過短。（Life is too short to build something nobody wants.）」

傳統大型企業接二連三倒閉，而新創公司的情形又是如何呢？

精益創業

依照哈佛大學經濟學院的研究資料顯示，經營新產業的新創公司失敗率為75%。最近引進了精益創業（Lean Startup）這個新方式，降低了失敗率。

所謂的精益創業，是先設定貿易模型假設，接受顧客的回饋，驗證假設。之後，製造擁有最低功能的產品（Minimum Valuable Products， MVP）並進行測試，以結果為基礎決定是否修改計畫（pivot）。

就如同前面所分析的內容一樣，傳統事業進行的方式是先擬定事業計畫，再祕密地準備新產品，然後再上市。反之，精益創業的核心是在最後產品上市前不斷與顧客溝通，透過溝通製造出顧客想要的產品。精益創業中所談到的最危險事情，就是製造出顧客不想要的商品。

在貿易環境中，所有的事情並無法依照計劃進行。再加上新創公司正視不確定性、有限資源等問題。所以透過適應不斷變化的環境、與顧客的溝通，在短時間內受到顧客的檢驗，修改貿易模型，是很重要的事。不先製造出完美的產品，而是以最低功能的產品進入市場，不斷重複驗證自己的假設，提高完整度。

傳統企業與精益產業的最大差異為何？傳統產業是實踐貿易模式，而精益產業則是尋找貿易模式。這就是精益創業的核心。因為新創公司是為了反覆尋找出可以擴張的貿易模式而形成的臨時性組織。

比爾蓋茲使微軟從精益創業躍升為大企業的關鍵因素，就在於不受個人的偏好所牽制，傾聽消費者的聲音。不先製造出完美產品，而是先讓不完美的產品上市，傾聽消費者的聲音，儘快處理各種問題，可以節省時間與經費。

不會因不完美的事實而感到不安，而是先知道對方想要的是什麼？為了成為時間管理的高手，須知道時間比完美更為重要。

從特斯拉model 3中看出
伊隆．馬斯克的時機重要性

2018年4月的某一天馬斯克去參觀位於加州費利蒙（Fremont）特斯拉工廠時陷入了沉思。

最初併購特斯拉的時候，馬斯克的目標是製造跑車，再以銷售跑車的收入製造出廉價汽車，提供給社會大眾採購。2008年推出售價3億韓元的跑車Roadster，2012年推出售價1億

韓元的Model S，2015年推出Model X。

自2017年起開始推出售價3,000萬韓元的電動車Model 3。2017年第3期生產了222輛，從這時開始增加產量。這要怪他在工廠的自動化生產上費過多的心思，認為只要工廠內部運作穩定的話，產量就會增加。然而，2018年第1期的產量卻無法超過7,000輛。

馬斯克為了瞭解自己架設起來的工廠自動化出現哪些問題，於是回顧最初開始假設的過程，並進行檢驗。他認為在所有的流程上都設置了機器人，是最佳的生產線。然而，自動化系統常常會發生意想不到的錯誤，甚至於會使所有的生產線停擺。他看到自己所設計的工廠系統崩解，之前曾為了製造Model 3所耗費掉的時間，就好像走馬燈般從他眼前掠過。

馬斯克對於過去一年預購Model 3的顧客感到很抱歉，現在因延遲交車時間而取消訂單的顧客與日俱增，他內心的不安感也隨之加重。

他對於想以工廠自動化，快速製造完美產品的初衷，開始動搖。經常追求完美，也常投資很多時間在追求完美上。不過這次的追求完美並非暢通無阻。

對於不完美而經常感到不安的馬斯克領悟到，現在該是放棄完美的時刻。準時交車給顧客比因提供完美產品而遲交更為重要。

馬斯克發現自己經常因追求完美而導致事情進度延遲的錯誤，決定放下一切。他中斷自動化工廠運作，為了提高生產力，決定採用提高人力比例等方式。因為他領悟到完美雖然很重要，時間卻更重要的事實。

時間抑或完美

馬斯克夢想著完美的全自動工廠系統。可惜他的夢想並沒有按照計劃實現，失望的顧客們取消了Model 3的訂單。看似矛盾關係的時間與完美，都是推動事情發展的重要因素。

為了遵守時間，可能使內容不完美，然而，若想創作完美內容，就有可能無法遵守時間。兩者兼具更佳，不過現實常常是魚與熊掌不可兼得。

接著，試著分析職場上業務的處理過程。公司裡的業務大部分是從上司的指示開始出發，由報告結束的。工作即是指示與報告的反覆進行。因為某個人下達某個工作任務的指示，使得該工作任務開始進行，接著某個人又接到那個工作任務並進行，之後向上司報告、請求批示，最後才完成。

若工作任務在進行過程中發生許多的問題，不能在工作期限內完成時。有可能因業務過多，而導致工作延遲的話，可以事先向上司請求諒解，或通過報告調整工作任務的優先順序，或將截止期限延後。若是工作任務開始進行後才發生的延遲現象，是因為工作難度高或追求完美的關係。

難度高的工作任務在進行的過程中須向上司報告進行事項，評估是否朝往正確方向進行。上司大多已在心裡設定好某個特定的結果，才分配工作給員工。所以在符合上司期待的成果出現前，須不斷進行修訂及補充作業。因此，得到上司的回饋是十分重要的。

另一方面，因為自己太過追求完美的關係，而導致報告書延遲，這是不正確的。接受報告的人與報告的人之間常會有想法的差異，報告人角度下的完美是指在自己的想法下的完美。不過以上司的視角來看時，有可能不是。

上班族金賢珠經常留在公司裡工作到很晚，每次都無法在期限前完成報告，而且報告書內容又多、又複雜，常被上司責罵。反之，坐在旁邊的同事李志俊，雖然從上司那裡接獲非常多的指示，只要下午6點一到，就會準時下班。除非不得已的狀況，要不然根本不會留在公司工作到很晚。

金賢珠的性格追求完美，李志俊則是認為時間比完美更為重要。李志俊與金賢珠之間所出現的成果差異，主要原因在於任務進行過程中報告與不報告。

完美主義的金賢珠為了達到本人所期待的水準，經常獨自埋頭撰寫報告書。有時也會出現與上司想法相反的結果，因而造成事情進度的延遲。

反之，李志俊經常在任務進行的過程中進行報告，確認自己所撰寫的報告書方向是否正確，瞭解上司的想法，並得到上司的回饋，反映在自己的報告書上。先就內容與方向與上司溝通，瞭解是否符合上司的要求，所以最終完成的報告書，上司一次就批准了。

另外一方面，最近工作不僅要做得很完美，連細部事項也要費心思，當然不得不造成事情進度的延遲。

回想一下學生時代的情形，有得100分的科目，也有得90分的科目。想以在校成績申請大學的考生，每個科目獲得100分的次數是十分重要的，學生們為了考90分，可能只要準備3個小時，若想考100分，就需要兩倍的時間，即6個小時。

然而，上班族是在保持90分的水準遵守截止期限，而不是追求100分。對於學生們而言，只有期中考與期末考的時候在進行評鑑，但對於上班族而言每天都在考試。對於蜂擁而至的事情裡都追求完美的話，會造成進度延遲，也會影響其他事情的進度，造成永無止盡地的延遲。

為了預防延遲的情況發生，須區分自己十分瞭解與不瞭解的領域。

自2016年起在韓國社會掀起了「第四次工業革命」的新風潮，在此風潮下，大學也開始開設第四次工業革命相關講座。

這次的工業革命與過去只因一、兩種技術的發明，就掀起的工業革命截然不同。第四次工業革命是帶著區塊鏈（blockchain）、物聯網（Internet of Things，簡稱IoT）、AI、3D列印、大數據、智慧製造（Smart Factory）、無人駕駛、虛擬實境（VR）、擴增實境（AR）等10種以上技術才出現的。光是深入瞭解其中一種技術，都是十分繁雜的課題，最近稱懂這些技術的專家為「第四次工業革命的專家」。

第四次工業革命專家是指哪種人？是指習得這十種以上技術，並運用自如的人嗎？若要求這些人對這十種當中選出其中一種最有自信的技術進行說明時，即便這十種技術都很瞭解，也並非真正的專家。

真正的專家是清楚知道，如何區分自己瞭解的與不瞭解的技術。

正確掌握我不瞭解的比我瞭解的更為重要，真正的專家須清楚知道自己不瞭解什麼？

新創公司若想在瞬息萬變的局勢下生存，也須和專家一樣確切區分自己瞭解的和不瞭解的，領悟到自己是哪裡不瞭解，對於自己瞭解的也須進行檢測。

系統1（省電模式）、**系統2**（高性能模式）

過去曾去參加過國外研習會，在研習期間與宋仲橋變得很熟，彼此之間聊了很多事情。宋仲橋喜歡喝酒，過著夜貓子的生活，習慣在夜間消耗掉所有的能量。他在白天就變得有氣無力，到了晚上眼睛就變得閃閃發亮，而且只要酒一下肚，就變成像生龍活虎般有活力。

在研習期間宋仲橋每天喝酒喝到清晨2～3點，隔天又可以與同行的人一起活動。看到他的樣子，真的覺得他很厲害，於是就開口問他的祕訣是什麼？他回答說：「白天是以省電模式節省能源，夜間就轉換成高性能模式」。

聽完他的回答之後，產生了這樣的想法，我們的頭腦平日是以省電模式在運作。我們的頭腦先天很懶惰，若不使用，就會毫無止盡地懶散下去，啟動「最少努力法則（Law of least effort）」，覺得不思考比不斷努力思考更舒服。

以這類型人的腦部狀況為例子，普林斯頓大學經濟學系丹尼爾．康納曼教授將其取名為「系統1」、「系統2」。

系統1是指腦部在不覺得辛苦的狀態下所進行的反射性作用，系統2是指進行複雜的計算或集中精神，在某件事時自行運作的腦部活動。丹尼爾．康納曼教授所說的系統1與我們的腦部省電模式一樣，系統1為了節省能源，腦部不發揮任何功能。對於某種問題，腦部是無意識地進行反射性回答。

反之，我們遇見困難問題或從外部接受到刺激時，我們的腦部就會轉換成高性能模式，即系統2。為了高性能模式的系統2之運轉，腦部須思考。這卻是阻礙腦部運作的要因，其中最重要的要因是「啟發式思考」。

捷思法（Hearistics）

鄭燦昱先生的妻子去到超市一定只買「韓國浣熊麵」，她從小就很喜歡吃浣熊麵，自己的家人、周圍的朋友們也都只吃浣熊麵。鄭燦昱先生再怎麼推薦她吃「辛拉麵」，她也不會買。

鄭燦昱先生的太太認為浣熊麵是所有泡麵中最好吃的，是韓國銷售量很高的泡麵。即使實際上，辛拉麵才是韓國銷售量第一的泡麵，也從未改變過他太太的想法。

可用性捷思法（Availability Heuristic）是指因最易想起的記憶，而將實際狀況誇大化，以致影響推斷。鄭燦昱的妻子就是以自己所擁有的資訊為基礎進行推斷，於是犯下了這種錯誤。

問人們：「世界上最危險的交通工具是什麼？」這個問題時，說不定大部分的人會回答飛機。然而，依據實際的統計數據顯示，汽車交通事故發生的頻率比飛機失事更高。這種問題是因為我們以自己所知道的資訊為基礎，進行推斷而產生的。這並非啟動系統2進行高性能模式思考，而是單純地以自己的經驗與知識為基礎，所做出的錯誤推斷。

彼得原理

這種錯誤的推斷經常在職場中發生，觀察職場中的人升遷後的狀況，可以發現一項有趣的事實。

決定員工升遷的決策者是只以自己看得到的資訊，選定升遷對象，期待那個人升遷之後可以勝任新職位，換句話說，即是以期待的方式選擇升遷的對象。其他職員則有可能是帶著「那個人怎麼會升官呢？」的疑問，並覺得出乎意料之外。

1969年美國勞倫斯・彼得（Lawrence Peter）教授發表了彼得原理（Peter Principle），「升遷是以升遷候選人現在執行職務的能力為基礎，而非與升遷後的職位相關能力有關」。

某個人晉升為主管，那個人就是以無能的狀態晉升為主管，無能的人不喜歡能力比自己強的人，希望只按照自己的指示行動的部屬，最後有可能導致組織裡逐漸由無能的人所組成的狀況。

未來工業

日本有間名為「未來工業」的公司，創立於1965年，以製造及銷售建築用電器用品、水管用品、瓦斯用品等產品為主。2018年的每年營業額為3,500億美元，員工人數達1,100名。該公司經營方針是以山田會長的「創造以人為主的公司」為依據。退休年齡為70歲，1年給140天的休假，每5年送全員工出國旅行一次。若有一名子女可以申請三年的育嬰停職留薪假，若有三名子女即可申請九年的育嬰停職留薪假。該公司的薪資較同類產業平均薪資高出10%以上。一言以概之，對於上班族而言，這間公司簡直就是天國。

這間企業選拔科長方式也十分令人震撼，將寫著科長候選人名字的紙條擺在電風扇前吹，吹得最遠的那一張紙條上的候選人就晉升為科長。因為公司認為科長職位，是任何一個人皆可輕鬆勝任的。

選任廠長的方式也大同小異。將候選人的名字寫在鉛筆上，進行抽籤，抽出來的候選人就晉升為廠長。即便是採用這種令人咋舌的升遷方式，該公司自1965年創辦至今不僅沒有倒閉，每年營業額還呈正成長。

未來工業給予許多韓國公司非常多的啟示，在韓國每間公司的升遷方式略有不同，但都想讓能力強的人升遷，以業務考核為基礎，再以升遷考試、英語考試等分數，或其他公司裡的政治能力為輔。以各種標準為依據，員工須投資許多時間與努力才能升遷，而未來企業是把名條放在電風扇前吹的升遷制度，這兩種升遷方式的差異點在於，決策者的偏好佔了多少的比重。決策者不是算命師，無法預測未來，所以不能保證那個人升遷後還會把事情做好。換句話說，員工的能力與實力並不能保障公司的成功。

企業的成功是實力還是偶然

企業的成功是憑藉著創辦人的實力與經驗創造出來的，還是偶然發生的呢？

就讓我們一起來觀察1,000多家憑藉著創辦人實力成功的新創公司，以觀察結果為基礎，若得出新創公司一般是以創辦人實力為成功基礎，就可以說這是科學性的事實。

若出現一間偶然成功的新創公司的話？那這個科學性事實就是錯誤的。為了證明新創公司的成功是偶然還是實力，找一間偶然成功的新創公司，比找1,000間成功的新創公司更為簡單。

我們所熟知的偶然成功新創公司有馬斯克的PayPal。

PayPal是從馬斯克所創立的「X.com」發展出來的，而Space X的投資資金也是來自於因「X.com」的成功所賺取的利潤。「X.com」是馬斯克以大學銀行實習生的經驗為基礎創造出來的，成為實習生的契機似乎看起來是偶然的，卻能造成出重大發現與成功。

加拿大女王大學在學時期，馬斯克為了尋找實習工作，而向豐業銀行主管階層的銀行家彼得・尼克遜（Peter·Nicholson）打了電話。彼得・尼克遜對於馬斯克的熱情給予很高的評價，於是讓他在銀行實習。馬斯克以當時的經驗為基礎於1999年創辦了提供電子商務的「X.com」， 之後於2002年馬斯克將PayPal賣給eBay，獲取了相當大的利潤，促使馬斯克踏入了成功的陣營。

馬斯克若沒在大學時代給彼得・尼克遜打電話，就不會擁有今日的Space X、特斯拉、太陽城。一言以蔽之，馬斯克所創辦的Zip2、PayPal、Space X、特斯拉、太陽城、Open AI等，是一連串的連續過程，都不是計劃性的，而是由意外發現的珍奇事物（serendipity，幸運發現）所創造出來的。

隨著第四次工業革命的到來，技術的複雜性隨之增加，相對的變化速度也隨之加速。就企業的立場，遇到幸運發現的機率也較以前增加。

技術變化的速度可以從新產品上市週期得知。Galaxy S系列每年幾乎都有一種新款機型上市，2010年6月Galaxy S上市後，2011年4月Galaxy S2上市、2012年5月Galaxy S3上市、2013年4月Galaxy S4上市、2014年3月Galaxy S5上市等。換句話說，這意味著在每年新產品上市的同時，須迅速地開發新產品，並進行驗證。

三星於2019年4月5日推出Galaxy S10 5G，接著想在4月22日推出Galaxy Fold，卻因技術上的缺陷而延期。Galaxy Fold與舊款機型所使用的強化玻璃不同，而是使用聚醯亞胺材質。缺點是使用者若去除保護膜，蓋玻片的耐久性就會降低。

三星為什麼在產品上市前才知道這些問題？也許是因為三星為了不讓競爭企業知道，他們將這種新技術運用在新產品上，而是祕密開發出來的產品。為了製造出完美的產品，想給市場帶來驚喜。然而現實卻與他們的想法不同，是冷漠的，因為製造公司的需求與消費者的需求不同。

為了快速領悟到消費者的需求，須靈巧地經營公司。透過靈巧的經營，接受消費者的回饋，再以回饋為基礎，修改產品，製造出符合消費者需求的產品。

大型企業大多擁有很多忠誠的客戶，所以適時地製造出適合的產品，在適當的時機將產品上市是很重要的。然而，新創公司卻不同，沒有固定的顧客，須尋找新市場，循序漸進地製造。與以銷售額成長10%、20%為明年公司業績目標的大型企業不同，新創公司不擬定毫無頭緒的計劃，而是選擇與市場不斷碰撞，從中領悟到市場需求。

就如同領悟也需要時機一般，所有的工作皆有截止日期及期限。所以事情處理得再怎麼快的人，若沒有撰寫報告書、獲得批准，就很難遵守時間。

生產醫藥品的製藥產業裡有良好作業規範（Good Manufacturing Practice，GMP）審查標準，即優良醫藥品製造及管理標準。醫藥品會對人體造成直接影響，因此醫藥品生產的一切流程皆須以文書記錄下來，也因此任職於良好作業規範相關部署的員工們，所有的業務行為皆須以文書記錄下來。

他們戲稱GMP為「Good More Paper」。要不然，人們怎麼會稱「paper work」。這並非實質上的業務，而是為了撰寫文書而做的事情，這就是指只有文書留下來的意思。甚至於開會後，也須以文書留下會議記錄。

在很多企業裡都曾發生過因過多的會議，而導致事情進度延遲的現象。我不用參加的會議卻被叫去參加，在會議中連半句話也沒說，就平白無故地少掉一兩個小時的工作時間。我是員工當中年紀最小的，連會議記錄也要由我來寫，這令我更疲倦。職場中有非常多缺乏效率的會議，這是導致事情延遲的重要因素之一。

高效率開會的五大方法

馬斯克為了提高業務的生產性，儘量減少會議。他提出提高業務生產力的高效率會議方法如下：

第一，避免舉辦多數人參加的會議。大規模的會議是讓企業崩潰的原因之一，這會讓企業生病。若不是有價值的會議，儘量以最少人數來參加。

第二，禁止常開會。若不是分秒必爭的緊急問題，沒有必要常開會。若非緊急要解決的事情，須降低會議的頻率。

第三，若覺得是沒有必要參加的會議，請儘快離席。這並非沒禮貌的行為，讓他人等待，浪費他人時間的行為，才是沒禮貌的行為。

第四，不要使用縮語，這會阻礙溝通。我們並不希望人們背誦在特斯拉使用的專業用語集。

第五，請以最短途徑進行溝通。溝通不是指揮體系，只須經過完成作業所需的最短途徑，想依照指揮體系進行溝通的管理者，馬上就會到換到其他地方去工作了。

理查德・卡爾森（Richard Carlson）在他的著作《別再為小事抓狂》（Don't Sweat the Small Stuff）一書中談到，為了變得更幸福，須與不完美更親近。不要耗費過多的力氣在小事上，只會白白浪費掉時間。不要被追求完美的不安感所控制，要習慣不完美。

早點完成我們的成果比追求完美更為重要，在進行的過程中須多次檢驗，並一點一滴地擊破自己所追求的完美。才能遵守上司要求的期限，才能被認可為成功的上班族。

若試著整理這章節的內容時，所有一切皆是由時間與內容所構成。時間與內容皆兼顧時，雖然是錦上添花，但兩者皆兼顧並非易事。要追求完美，還是遵守截止期限，我們須做抉擇。

比爾蓋茲一般會選擇遵守時間。先將不完美的Window95上市，再找出問題、進行修改，這樣的方法就是認為時間比較重要。

進行貿易活動時，在自己的標準下雖然覺得完美，然而在顧客眼裡有可能變得不一樣。有智慧的比爾蓋茲偏好「精益創業」方式，迅速推動事情的進展，隨時接受顧客的回饋，以推動事業的發展。在邊接受顧客的回饋中邊推動工作的進展，能提高成功率。

馬斯克製造特斯拉Model 3時，因未能如期交車，而吃了不少苦頭。追求完美的性格，讓他在汽車生產上發生延期的情況，一度讓公司陷入危機。

他將此實例作為反面教材，比起完美，在準時上更加費心思，讓工作可以在期限內完成。

銘記下列事項！

1. 時間比完美更重要，完美只是自己標準下的完美。
2. 追求完美導致工作進度的延遲。
3. 請採用在任務進行過程中向上司報告，並接受回饋的方式工作吧！不斷檢討自己的假設是快速結束工作的祕訣。
4. 有效率的會議方法：小規模的參加者、禁止常開會、禁止參加不必要的會議、禁止使用縮語、以最短的途徑進行溝通。

透過反覆思考邁向成功

比爾蓋茲的思考週

1999年5月，比爾蓋茲待在離西雅圖一個小時遠的華盛頓胡德運河（Hood Canal）個人別墅裡，書桌上堆滿了全球資訊網（World Wide Web）相關的博士論文及資料。當時世界物理學家之間，為了迅速交換資訊而費盡心思架設起來的資訊網，現已漸普及化。

在個人用電腦普及化潮流中成長的比爾蓋茲，對於這種變化感到一股莫名的不安。人們沉浸在以網路作為溝通、交流的愉悅中，對於寄出去的電子郵件，馬上就收到回信感到驚訝，於是漸漸有更多人陷入網路世界。馬克・安德森

（Marc Andreessen）網路瀏覽器網景（Netscape）的市佔率70%，比爾蓋茲不知道為什麼被不安感所籠罩，而陷入沉思。

在比爾蓋茲的腦海中最常浮現的「淘金事件」，這是19世紀人們蜂擁而入金礦區淘金的事件。1848年美國加州沙加緬度河（Sacramento River），發現金礦的傳聞傳遍美國各地。沒多久之後，人們就蜂擁而入，1849年淘金人口為8萬名，1953年則高達25萬名。

淘金事件後礦坑開始減少，為了提高工作效率，以機器代替人力。事實上，幾乎沒有人從那個地方挖出大量金子，而一夜致富。賺大錢的人不是發現金礦或淘金的人，而是提供金礦所需裝備的商人。

比爾蓋茲腦海中在想著淘金事件的同時，已經敏感到因網路帶來的新變化潮流，這種變化是微軟的危機。很慶幸的是，他知道危機與機會共存的事實。因為隨著個人用電腦的大眾化，擊垮IBM的就是比爾蓋茲。他觀察規模雖小卻迅速成長的網景時，回想起過去自己過去的樣子。

這也許可以把它視為是大衛與歌利亞之間的打鬥，於是迅速打開電腦，開始撰寫電子郵件，收件人欄上輸入微軟主管的信箱帳號，標題為「網路潮流（The internet Tidal

Wave）」，然後開始撰寫下列的書信內容：

過去20年間我們的發展無法用三言兩語概括，我們電腦功能呈幾何級數成長，並讓微軟變得更有價值。我們的前景是成為最佳軟件提供企業，接下來的20年，隨著電腦功能的提高，將超越呈倍數成長的通訊網路。

思考週（Think Week）

平日以「5分鐘」為單位擬定時間計劃，緊湊地管理日程的比爾蓋茲也有例外的時候。比爾蓋茲每年兩次、一次一週會放下所有的一切，與外部徹底隔絕，只閱讀書籍、博士論文、重要報告書等，並思考微軟的未來。他稱此期間為「思考週（Think Week）」，自1980年起一直實行至今，從未間斷過。平日因忙得不可開交的工作，比爾蓋茲沒有多餘的時間針對許多問題深思。在瞬息萬變的技術環境裡，只集中精神在工作上，無法感受到重要的變化。在IT世界裡稍微跟不上這種變化時，就會被淘汰。

依據《財富》雜誌的調查結果顯示，500大企業的平均壽命，1964年的統計數據是61年，2014年是18年。為了企業的永續生存，從各種角度觀察瞬息萬變環境，並規劃未來是十分重要的。所以透過深思，提出微軟的未來展望，就是他的任務。

比爾蓋茲的思考週，是依據「準備→實行→結果→整理及共有→實踐」等順序進行的。比爾蓋茲會在思考週的兩個月前，就開始著手準備。他的祕書在公司裡蒐集重要文件，並編列優先順序。比爾蓋茲將這些資料帶到位於胡德運河附近的別墅去閱讀，並揭開思考週的序幕。

這段期間除了提供一天兩餐的家庭幫傭外，家人、公司同事等，皆無法進入這個地方。這個星期內他會閱讀100篇以上的論文，並寫下詳細的評論。

在思考週的最後一日，會將自己的想法做總整理，撰寫成思考週摘要本，透過電子郵件發給數百位主管看。回到日常生活後，他會召開會議，針對相關內容進行討論，並提供實踐方案。

比爾蓋茲的思考週不是休息的時間，而是為了未來做熱身的準備。有些日子會閱讀18個小時以上的文章，可見他是多麼認真面對這段時間。

透過比爾蓋茲的思考週，我們學習到下列幾點：

第一，請事前做好完整的準備。比爾蓋茲從兩個月前開始為思考週做準備，對於要思考的問題與要閱讀的資料，須做好完備的準備。

第二，請熾烈地思考！準備未來的最正確方法是依照自己的想法進行。透過熾烈地思考、縝密的計劃，朝著自己的未來前進。請記住並非單純地任由時間流逝，未來是由自己創造出來的。

第三，統整出成果，與他人分享。一般閱讀書籍時，只有閱讀與感覺，這種感覺與記憶無法長久。

比爾蓋茲閱讀書籍或論文時，一定在空白處做記錄，都讀完之後，再將內容做總整理。這比單純閱讀書籍更費時、繁瑣。若經過這樣過程，會產生出更大的成果，並與他人分享，透過分享可以得到他人的回饋，擴大閱讀的力量。

最後，一定要將成果付諸實踐。就如同前面分析的實例一般，比爾蓋茲透過思考週，決定從windows95起提供免費的Internet Explorer網頁瀏覽器，與網景網路瀏覽器互相競爭。結果，他在這樣的競爭之下獲得了勝利，網景網路瀏覽器也就消失在歷史的洪流中。若比爾蓋茲僅察覺到網路市場，卻未採取任何行動，就不會有今日的微軟。

方向更勝於速度

我們管理時間並非為了單純地管理日程使生活過得很緊湊，而是以最短時間達成所設定的目標，享受更豐富人生的悠閒。

悠閒並非只用在休息上，而是要用在能力開發上。透過閱讀書籍、熾烈地思考，創造出自己的未來。

若每天管理時間，能比過去更迅速地將事情處理完，及時處理眼前所發生的事情時，雖然會感覺自己很認真地過生活，但無法知道自己是否朝著正確方向邁進。須透過人生曲線預測結局，並打造出新的人生曲線。為了達到此目的，請別忘了在過程中檢查自己是否朝著想要的方向前進。

我們若像比爾蓋茲一般嘗試著實行思考週，將會有什麼事情發生呢？有些人工作太過忙碌，也無法請到一個星期的假。然而，我們可以確信的是，我們一定不會比爾蓋茲忙碌。

我們每個人都至少擁有一個時鐘，可以隨時確認時間。然而，在此談及的時間比物理性時鐘更為重要。我們不能徹底掌握時間，雖然經常很忙碌，卻無法征服時間，進而成為時間的奴隸。

由於科技的發達，可以運用很多3C工具節省工作時間，因此能利用的時間比以前的人還多很多。但即便如此，為何我們仍經常覺得時間不夠用呢？

大家每天手拿著智慧型手機，不斷看LINE的訊息，擔心錯過簡訊，而總是低頭滑手機。自己的時間被智慧型手機奪走了，卻渾然不自覺，變成了智慧型手機的奴隸、時間的奴隸。就這麼一直生活下去，卻連領悟時間價值的空檔也沒有，只能任由年紀徒增長。

隨著年紀的增長，未來可使用的時間漸減少，即能突顯其價值。為了使那個價值能發出燦爛的光芒，須不斷檢討自己是否徹底朝著自己所建立的價值觀前進，到達正確的目的地比快速前進更為重要。

我們也可以試著透過思考週，進入自己的內在，與自己對話，深入瞭解自己。試著畫畫看自己想要的未來藍圖，並一一實踐，即可完成屬於自己的未來。

比爾蓋茲是未來型人。在思考週裡不僅分析過去，也預測未來。他知道微軟不可能永遠存在，企業會因為各種原因倒閉，越來越多的企業壽命變短，比爾蓋茲的目標是使微軟長久存活在市場裡。

要經常努力為未來做準備，比爾蓋茲說過一句話:「未來最重要，所以我不經常回顧過去。」

各位也試著畫畫看自己的未來藍圖，為了達到未來藍圖，每天須時間管理，戰戰兢兢地過生活。在過程中要停下來，檢討自己往何處去，是否朝著目的地前進。

對於過去與其後悔，不如夢想著即將到來的未來。為了夢想成真，以時間管理作為工具時，我們的未來會變得更加光明。

主導伊隆．馬斯克思惟的第一原理

2013年3月15日馬斯克與平日不同，穿著淺棕色格子襯衫，外搭黑色夾克出門。這一天馬斯克是去參加TED大會，分享自己與克里斯．安德森（Chris Anderson），從過去至今一起進行的科幻小說企劃案。

幾天前馬斯克就開始煩惱要在TED大會上該談些什麼，於是決定分享平日內心的想法。馬斯克回顧自己至今的生活，並回想起每次挑戰新企劃案的瞬間。

他回想起1995年進入史丹佛大學博士班不到兩天，就辦理退學，與弟弟一起創設「Zip2」的情形。4年後的1999年28歲時創立了「X.COM」，3年後的2002年以15億美元賣給eBay，2年後31歲時設辦了航太探索技術公司「SpaceX」，2年後的2004年投資「特斯拉汽車」，就擔任理事會理事長，2年後的2006年成立太陽能產業的「太陽城」，擔任理事會理事長，2013年將時速1,200公里的高速交通超迴路列車，變成實用性的大眾交通工具。

馬斯克橫跨好幾個他人很難想得到的產業，甚至還在這些產業上都獲得了成功。他邊想著將所有事情快速推動的獨門祕訣，也想著要將自己的故事與其他人分享。

在TED演講中，在20分鐘裡他談論了各式各樣的內容，最後剩下3分鐘的時候，他將SpaceX可重複使用運載火箭相關影片放映給聽眾們看。

過去的運載火箭是為了到達離地球40萬公里的月球而製造出來的，飛行150秒至離地面70公里的上空後進行分離，飛行至200公里的上空後，進行第二階段分離，然後擺脫重力。

經過漫長的旅程到達目的地時，火箭的壽命就結束了。過去的運載火箭只能使用一次，這部影片中介紹了運載火箭發射後會像直升機一樣會在宇宙中停留一段時間，尋找降落點，調整角度，最後安全降落到地面上，是可重複使用的。當聽眾知道可重複使用時，都非常驚訝。

那時克里斯心想這是提出自己事先準備好的問題之最佳時機，他問馬斯克：「為什麼會想要經營Paypal（電子商務）、特斯拉（電動車）、Space X（航太科技）等三間革新產業公司。這三間公司不僅是完全不同類別的產業，而且還能將它們發展成資本額高達數十億美元的公司，您是如何辦到的？其祕訣為何？」

馬斯克不加思索地回答：「物理學」，接著又說：「有助於思考的最佳思維模式就是物理學，其中第一原理（First Principles）的影響力最大。一般我認為以最根本的事實為核心，以此為起點進行邏輯性推論。這種方法與類推法不同，我們一般的生活大多是進行類推式的推論，這只是將他人的想法做了一點變形改造而已。」

何謂第一原理？所謂第一原理是最基礎、最根本的原理。這並非可以從其他假設或提案推演出來的，而是無法否定的真理。科學性的研究方法大致是透過觀察，推論出特定結果的歸納式思考。在過程中經過成立假設、驗證過程。為了讓這種論證階段被視為真理，就須以不言而喻、無需證明的真理為前提，這就稱為「第一原理」。

物理學是對於將事物進行分割、再分割成最基本元素原子的分析過程，此方法深植於主修物理學的馬斯克腦海裡。馬斯克在賓州大學華頓商學院（Wharton School of the University of Pennsylvania），主修管理學的時候也修讀了物理學，在博士班才就選讀材料理學，不過兩天就辦理退學了。

無論如何馬斯克在修讀物理學時，所獲得的最大收穫，就是以分析作為最基本的存在。物理學的學習方法論，是與第一原理一脈相承的。

因為這樣的關係，馬斯克在每次開始創辦新產業的時候，就試著用第一原理來思考。對他而言，這與過去的習慣與方法不一致。對於所有的現象都尋找成為最基礎的真理，從那裡開始再次進行推論，是採用與眾不同的方式進行思考。由於這種思維模式的關係，讓馬斯克可以很有信心地將運載火箭公司經營成功。

最初創辦Space X的時候，他常問自己的問題是：「火箭在物理學上是屬於什麼，是以什麼製造出來的？」火箭是以航太業專用高級鋁合金、銅、碳纖維等所組成，這些材料費用僅佔火箭發射費用的2%。

馬斯克再次向克里斯提出這樣的問題：「那麼發射火箭費用為什麼會那麼貴？」由此可得知，火箭的物理性材料費並不貴，而是在研究、開發、實驗、經營發射台等的花費較為昂貴。

開始創設電動車的時候也是一樣，對於以電力啟動的電動車電池，馬斯克也是以第一原理的方式來處理的。「構成電池的最基礎材料為何？有鈷、鋁、一氧化碳、鋼罐等。這些材料的成本是多少？也許在倫敦金屬交易所裡購買這些金屬時，費用並不會太昂貴。若舊電池（每千瓦／時）費用是600美元，那麼材料費就是（每千瓦／時）費用為80美元。」

綜合本章所述，讓我們再次領悟到想法有多麼重要。比爾蓋茲平日以5分鐘為單位擬定時間計劃，雖然可以勝任緊湊的行程。然而，他每年會有兩次、一次兩個星期的「思考週」，放下所有一切，只針對特定問題做深入思考。在針對問題絞盡腦汁、深入思考時，也須努力找到解決方案。

馬斯克雖然不另外撥出思考的時間，卻擁有個人獨特的思考祕訣。追求物理性思考的馬斯克以第一原理思考所有的問題，找出最根本的存在，將所有現象與事物進行分割、再分割。再從那裡開始，展開新想法的思緒。

我們對於日常生活中所發生的問題，不要僅做表面性的處理，而是要帶著「為什麼會發生那種事呢？」的疑問，「為什麼？」至少要問自己五次以上，那麼才可以找到根本的解決方案。

若將第一原理適用在時間管理上時，「我們每個人每天都擁有24個小時。」隨著我們如何有價值地活用時間，我們的人生將產生轉變。我們的日常生活須成為想著「今天一整天我的時間價值是多少」？

銘記下列事項！

1. 試著擁有可以針對特定問題進行深度思考的「思考週」。
2. 未來式思考比過去式思考更重要。
3. 試著以物理性思惟的第一原理處理所有問題。

｜結語｜

上班族申珠英主任領悟到時間管理的重要性，開始進行時間記錄。經過兩個星期後，分析這兩個星期的實踐數據，實際運用在閱讀或學習的時間，一個星期只不過一個小時。

早上忙於上班，晚上被公司繁重的業務給拖垮。平日每週須參加兩次的聚餐，沒有聚餐的日子裡，下班後回家休息或跟孩子們一起看電視看到很晚，再就寢睡覺。

某一天申主任在上班的路途上，仔細分析一下自己的生活，發現自己可以閱讀書籍的時間就只有下班後，在家看電視的時間。不久前隔壁組的金代理將電視清掉後，出現了許多閒暇時間，可以與家人聊天、玩各種電玩等。

申主任早上就決心將電視清掉，想把自己的家庭打造成一個閱讀家庭。那天回家後，雖然遭到太太的反對，但以為孩子們好為理由，還是將電視搬移至陽台。

從那天起申主任的家變得很安靜，其他人突然不知道該做什麼，感到不知所措。但他相信經過一段時間後，家人會逐漸地適應這種沒有電視的生活，申主任心想自己也就可以自然地閱讀書籍。

幾天後，申主任決定下班回家後要閱讀書籍。問題是電視消失後，孩子們變得十分無聊。申主任一回到家時，孩子們正在等著他，並朝他飛奔過來，要求陪他們玩。也因為這樣的關係，跟孩子們的關係變得更為親密！

然而，申主任不僅沒有增加自我成長的學習時間，就連閱讀書籍的時間也消失了。哄孩子們睡覺後，雖然努力想閱讀一、兩個小時的書籍，拖著精疲力盡的身軀，雖努力讓惺忪的眼睛睜開，但閱讀書籍並非易事。若很努力閱讀書籍時，就會拖很晚才睡覺，隔天就會很難早起。雖然上班沒有遲到，到公司以後就開始忙碌地工作。到了午餐時間身體仍然很疲倦，於是就睡個午覺。工作結束後，下班回家，又開始為育兒忙碌，每天的生活都是不停忙碌的惡性循環。

覺得不行再這樣生活下去了，於是向周圍的人請教。

依照平日尊敬的組長建議，決定上研究所就讀。決定自己想要的科系之後，申主任最先去做的事情就是到該學校正門口拍張照片。想像著每天在那個地方學習的樣子，將照片貼在手冊上，每天看著照片，祈禱入學考試能及格。

目標一出現，申主任的人生就開始有了轉變，設定每天閱讀入學相關書籍兩個小時的目標。接著就必須空出閱讀的時間，仔細想了一下，只有晚上的時間，然而孩子們睡覺的時間很不規律。於是決定改變計劃，活用清晨的時間。

每天晚上9點哄孩子睡覺時，自己也和孩子們一起睡，想要早睡早起，很奇怪地起床時間竟然跟過去一樣。不過經過兩個星期後，自己也能在清晨5點起床閱讀書籍。每天集中兩個小時的時間閱讀書籍，破曉時分在無他人干擾的情況下，喝杯咖啡，享受讀書樂趣，若沒有經歷過這種經驗的人，絕對無法體會這當中的樂趣。

因早上提早起床而精神飽滿，生活裡開始出現更多的空閒時間，手裡會拿著早上看過的書籍出門上班。比過去提早離開家裡搭地鐵，地鐵的人潮也較少，就可以坐著閱讀。因提早到公司，公司也沒什麼人，打開電腦前也會閱讀想看的書籍，周圍的同事們也對於申主任的變化感到十分驚訝。

最近申主任的家最先就寢的人不是孩子們，而是申主任。孩子們第二個睡，太太是最晚睡覺的，最近申主任在清晨4點半起床學習。

一週三次清晨去游泳。因此，不僅腹部贅肉消失，連體力也變好。清晨運動的人是認真生活的人，看到這些人時，會賦予自己想要認真生活的動機。

現在申主任的目標是遵守442法則。一週工作42個小時，睡覺42個小時，個人私事時間42個小時，自我開發時間42個小時，希望可以花更多的時間在重要的事情上。

幾個月後，申主任進入研究所就讀。兩年期間工作與學業皆須兼顧到，所以更加留意時間管理。因為要繳交專題報告或口頭報告的科目多，善加利用清晨時間是很重要的。專題報告並不會太難，不過口頭報告就不一樣了。一、兩天前緊急準備的口頭報告，品質比不上經過好幾天深思熟慮蒐集到的資料。

口頭報告是展現實力的最佳機會，須準備很充分。所以每天早上花一點時間準備口頭報告，這樣完成的報告與一次性完成的報告相較之下，結構上更完整，內容變得更好。申主任若沒有養成清晨起床的習慣，就會因為研究所的課業把自己的生活弄得一團亂。

善加管理時間的祕訣只有一個，就是從設定目標開始出發。若沒有具體的目標，就可以考慮進研究所就讀。也可以設定「一年閱讀100本書籍」的目標，一本一本閱讀之後，閱讀速度會加快。自然就會覺得需要更多的時間，為了將瑣碎時間聚集成時間塊而努力。

現在申主任不論做什麼事情都很有自信，不管要創造出多少空閒時間，自己都會很有自信。透過時間管理，生活品質將會變得更豐富，更接近自己想要的目標。

若身體習慣於時間管理，達到某個瞬間點時，能力會加速提升。到達一定的水準時，即可自由自在地管理自己的時間。然而，時間管理也如「學如逆水行舟，不進則退」的道理一般，若不持續做的話，在某個瞬間點之後就會開始退步。需要投入相當多的時間才能到達成功的位置，然而，從成功位置跌落，只是瞬間。

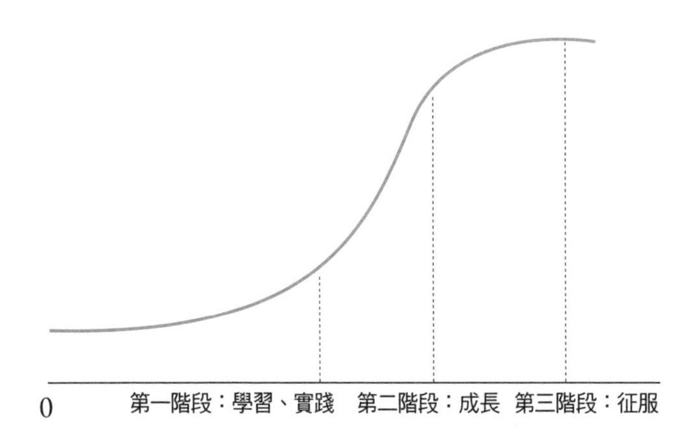

時間管理成長曲線

時間管理的成長曲線是由三階段所構成。

第一階段學習時間管理方法並實踐的階段。剛開始學習並實踐管理方法的人，累積自己想要的實力需要花費很長久的時間，所以常常會看不見自己成長的樣子，而成長緩慢，在這個階段有很多人放棄。這些人在某個瞬間，會想著「為什麼我要管理時間呢？」容易有放棄的情況。

然而，在自己生活中擁有明確的目標，想要達成目標的人，就要有耐性面對挑戰。

在某個瞬間會領悟到，時間管理的能力是在無形當中累積的，這個領悟瞬間就是進入第二階段的臨界點。知識累積到某種程度時，就可以進入到下一個等級。不知道實力是呈階段性成長的人，當看不見自己的實力提升時，會感到失望，並經常在此刻放棄。

第二階段是成長階段。透過第一階段的學習與實踐後，在日常生活中很自然地就會進行某種程度的時間管理。第一階段是投入很多時間卻只獲得一點點成長，第二階段則是在短時間內快速成長。能力與知識兼備，並開始從周圍得到肯定。這時候在不知不覺間就會更靠近成功了，當對於時間管理技巧駕輕就熟的人，就是處於習慣於442法則的階段。

最後第三階段是征服階段。這時已成為時間管理的征服，擁有不受周圍環境的影響，管控自己時間的力量，站上自己夢想的成功位置。

這時是自我警醒，隨時要注意的時刻。若帶著「就只有這一次」的例外想法而偷懶，在某個瞬間就會讓過去的努力化為烏有。因為有一次就有兩次，有兩次就有三次。

就會帶著這樣的想法，「現在已到達想要的成功位置，已經累積了某種程度的技巧，所以也不一定要進行時間管理。」當萌生這樣的念頭時需要警戒，而且領悟到這是重新開始的時機。

我們已在前文透過比爾蓋茲、馬斯克的實例中，了解到時間管理是邁向成功的第一步。現在輪到各位分階段將此方法應用在生活中。期待看到各位通過第一階段、第二階段的考驗，順利進入第三階段的樣子。

有錢人都在做的時間管理術

——真正的時間管理大師—馬斯克與比爾蓋茲的時間致富法

作者　河泰鎬

作　　者　河泰鎬
翻　　譯　譚妮如
總 編 輯　于筱芬　CAROL YU, Editor-in-Chief
副總編輯　謝穎昇　EASON HSIEH, Deputy Editor-in-Chief
業務經理　陳順龍　SHUNLONG CHEN, Sales Manager
行銷主任　陳佳惠　IRIS CHEN, Marketing Manager
美術設計　楊雅屏　Yang Yaping
製版／印刷／裝訂　皇甫彩藝印刷股份有限公司

出版發行

橙實文化有限公司 CHENG SHIH Publishing Co., Ltd
ADD／桃園市大園區領航北路四段382-5號2樓
2F., No.382-5, Sec. 4, Linghang N. Rd., Dayuan Dist., Taoyuan City 337, Taiwan（R.O.C.）
MAIL: orangestylish@gmail.com
粉絲團 https://www.facebook.com/OrangeStylish/

全球總經銷

聯合發行股份有限公司
ADD／新北市新店區寶橋路235巷弄6弄6號2樓
TEL／（886）2-2917-8022　FAX／（886）2-2915-8614
初版日期 2020年10月